伍鲁安
2014. 9-20

書店本事

Beyond Bookstores
Where
the
Souls
of
Booklovers Meet

—— 在地圖上閃耀的閱讀星空

夢田文創｜策劃製作　　楊照｜製作顧問
郭怡青｜採訪撰稿　　欣蒂小姐 Miss Cyndi｜插畫

Section 1

老字號書店

時間長河，歷久不衰

中生代書店
在一日又一日的閱讀時光中，理想堆積成形

Section 3

新生代書店
記錄這段夢想初起飛的歲月

Section 4

藏書豐富的非書店
我們賣的是閱讀，不是書

遍地開花的台灣書店精神 | 夢田文創執行長 蘇麗媚

「我們別老是想著一定要怎麼樣、怎麼樣，而是要去感受那些『不一定』帶來的驚喜！」這是電視劇《巷弄裡的那家書店》中，李威飾演的向書磊所說的一段對白。這段話彷彿描繪著夢田文創與四十三家獨立書店初相遇的巧合與驚喜。

這個美麗的開端，源於創作《巷弄裡的那家書店》劇本時期，夢田同仁為了蒐集題材，帶領著編劇們拜訪了許多獨立書店。

「女客人急切地奔來，指名要找一本書。書店沒有現貨，店長很努力協助調貨，但必須要等兩天。

「女客人氣憤！對著所有店裡的人火大發飆，並且哭著離去，留下面面相覷的書店人。

「幾週後，面容憔悴的女客人前來書店，鄭重向大家道歉。

「原來她和最好的死黨，一直愛慕著彼此，卻因為世俗眼光，遲遲不敢向對方告白。直到死黨罹癌、說不出話了，才要她去找一本書，書裡全寫著想告訴她的話。

「調書要兩天，但死黨等不了兩天……已經離世。」

這不是戲劇，卻在書店裡真實上演！故事很簡單，卻相當動人。

在這些採訪來的書店記事中，我才發現，透過書本、透過讀書的人、透過書店，可以閱讀到書店主人的生活態度、書店客人的生命故事，書本上的一頁頁文字更立體地跳躍出來，變成與人交會的精彩篇章。

於是，夢田攤開了我們的書店地圖，決定把獨立書店的故事製作成紀錄片作品《書店裡的影像詩》，透過影像、文字的不同形式，記錄人與人、人與書、書與空間之間的純粹情感。這個作品原不在夢田的預定計畫當中，卻驚喜地讓我們感受到：在冰冷科技的電子化時代，原來還有一種「源自於人」的閱讀感動。

一開始，與書店合作的路並不好走，我們因為遭遇到連番拒絕或質疑，而感到挫敗。

或許是大眾媒體與獨立書店截然不同的性質使然，讓店主人容易對這個作品感到疑惑，不確定彼此的價值觀是否一致？

然而，在同仁們鍥而不捨的嘗試、溝通之下，最終全台各地四十餘家特色書店都願意相信夢田，讓我們運用不同媒材、在無國界的平台上，傳達遍地開花的台灣書店精神。

侯季然導演曾告訴過我，他覺得「書店在現代就像釘子戶，獨自捍衛著心中堅信的價值」。而夢田也希望成為書店價值的守護者，盡自己棉薄之力，創作一本能綜觀台灣書店的出版品，讓書店文化蘊涵的生命力，打動全球愛書人的心。

這本書的完成，要感謝夢田的總顧問楊照先生、執導紀錄片的導演侯季然先生、以及遠流出版公司出版四部總編輯曾文娟女士。因為他們的投入，大大提高了作品的文學與影像價值。當然，還有辛苦跑遍全台採訪撰文的作者郭怡青，每每採訪後，她總會與我們分享書店裡的小趣聞或感人故事，這些元素不但成為同仁之間的鼓舞能量，更成為我們創作下一部作品的靈感與精髓。最重要的是，我親愛的夢田夥伴，藉此序我想跟你們說：謝謝你們對這部作品一直以來的付出，一路上我們雖然面對了許多質疑，但感謝你們始終和我一起相信，並堅持實現這個美好的初衷。

許許多多的工作夥伴恕我無法一一列舉，包括：影視、紀錄片、出版、設計、數位內容、獨立書店、音樂、插畫家等各領域菁英的共創，因為有你們的陪伴，讓夢田走在這條艱辛的路上並不孤單。希望正在讀這本書的你，也可以與我們一起欣賞這片在地圖上閃耀的閱讀星空。

開書店確實是浪漫的事 | 《書店裡的影像詩》導演 侯季然

因為拍攝《書店裡的影像詩》，有將近半年的時間，每天都在逛書店。

好多人以為，開一家屬於自己的書店，像是擁有一個自己的空間，可以想看書的時候就看書，想寫字的時候就寫字，不必勉強自己符合別人畫下的框框，多麼自由，多麼浪漫。

但開書店遠不只是這樣的。

在資本與科技夾擊的洪流下，我所見到的書店老闆們，除了要做每日開店必須的從算帳到打掃的各種事務，還要兼顧辦活動、煮咖啡、參與社區公共事務、投入社會運動、照顧鄰近的小動物、種田等等各式各樣看似「非書店業務」的工作。而在選書、進書、擺書、點書……這些看似「書店基本業務」的工作上，現代的小書店老闆們也因為大書店和網路書店的競爭而愈來愈辛苦。他們之中有很多人，因為忙碌，看書的時間反而比開書店之前更少了。

如此辛苦，這些小書店老闆卻甘之如飴。他們所為何來？不過就是為了

生存，為了捍衛自己想要（卻與大多數人不同）的生活方式。不只如此，在我拍攝過的書店中，又有許多老闆是以開書店做為積極走入人群，並且試圖改變社會主流的一種運動方式。他們以區區個人之力，改變漸漸被各式連鎖店填滿的街道；改變網路世代方便快速，卻趨於片面化、膚淺化的閱讀風氣；改變大量複製、用過即棄的消費習慣；改變保守封閉、懶於反省的社會氣氛。

不想任由時代潮流席捲而去，不只是逆向潮流，努力做一個讓自己心安理得的釘子戶。甚至是更熱情地、誠摯地、持續地在人群行進的反方向手舞足蹈，螳臂擋車，能拉一個是一個。小書店老闆們常常掛在嘴邊的一句話是：「不知道還能做多久，我想就做到做不下去為止吧！」

這些書店的故事總讓我想到唐吉軻德的故事，而那正是一個用很多的勇敢與純真成就出來的，對，浪漫的故事。

讓世界看見台灣各角落的美麗書店風景

◆好樣集團負責人│汪麗琴

二〇一二年的二月二日，對好樣本事來說是個不一樣的日子，從路透社發布的新聞中，獲知好樣本事被紐約娛樂新聞網 flavorwire.com 遴選為全球最美麗的二十家書店之一，身為一家極致迷你的獨立書店負責人，在驚喜之餘，也為過去一路以來致力於傳達美學和生活概念，終於有了極大的迴響，心裡像是吃了顆定心丸似地，由衷地希望美麗的種子自此撒下，能讓世界看到我們有許多的美好，在生活的各個角落中發光發熱……

作者郭怡青走訪台灣各個角落的四十三家特色書店，從紀行中深切感受到每家獨立書店背後令人動容的故事，無論是以何種形態在經營，每個經營者都有一個共同的態度，那就是喜愛閱讀，衷心希望看書、逛書店的行為，不會因為網路書店的發展，而消失在這個世界中。我們期待文化的種子，藉由書店的傳播，深植於我們的生活，增長我們的智慧，傳承所有的美好。

◆永樂座店主│石芳瑜

開書店不難，但是要開出一家有特色的書店，並且有持續力，並不是容易的事。書中四十餘家書店風格各異，於是書店才有各種風貌。

拍書店、寫書店也不難，但是如何拍出、寫出書店的靈魂，卻不是容易的事情。在侯季然導演拍攝的過程，以及這本書的受訪過程之後，看到所呈現的影像與文字，我必須說他們掌握了書店的靈魂，哪怕你看見的只是書店裡的一天。

◆唐山書店店主｜陳隆昊　陳隆昊

作者詳細考察、訪談全台各地四十多家獨立書店，基本上已經相當完整地介
紹台灣獨立書店的樣貌。特別是書中選入近年來新加入的獨立書店夥伴們，
算是這本新書的亮點。作者饒富創意地把書店依成立的時間先後，拆成老、
中、新三大部分，恰有隨光陰傳承的味道，而且從書店新舊的時間順序中，
看到不同世代經營者不同的思維及經營邏輯。

作者在本書最末的後記中，寫出了自己的觀察與感想，從書店印象中拼湊出
來台灣印象。閱讀本書前，先讀上這篇後記，會更容易上手。

◆荒野夢二店主｜銀色快手

做書店久了，才深刻地覺得沒有一本書是可以單獨存在。一本書不管時間經
過再久，總會有個需要它的人出現。有些好書完全沒有過不過時的問題，只
要曾經陪伴過誰的童年、青少年，人生的某個時期，無論年代再舊，都會有
讀者如獲至寶般將它拾回心生喜悅。一本書能找到那個命運相繫的主人也就
值了，書店做的就是這樣的行業啊！無論新舊，還不曾摸過讀過的書，對需
要它的人來說就是新書，這些書我情願用浪漫的心情豢養，直到它們找到新
主人為止。四十三家書店，就是四十三個漫長等待的舞台，每一本書每一位
讀者都是精彩的演員，每一位店主都是最稱職的導演。

◆老爺酒店集團執行長｜沈方正

看到這本書，我悲喜參半，五味雜陳！做為一個號稱為愛書人的深度近視閱讀者，大學組讀書會從莫泊桑讀到三島由紀夫，畢業後經常在國內外進行主題書店旅行，經營飯店自己捐了個員工圖書館，為了與旅客分享讀書樂趣，也在飯店中開起書店，每天早晚一定念書的我，竟然只造訪過本書目錄中四分之一的書店。

高興呀！獨立書店做為台灣特殊的文化風景，有如此深刻的底蘊；慚愧呀！做為一個在台灣讀書的人竟然如此淺薄而驕傲，幸有此書，今後竟得救贖，日後在前後山來回遊走、濁水溪南北奔波時，心中就有了方向，以這一家家書店出發指路，點亮為美好生活的明燈，台灣人命真好，快快人手一卷《書店本事》與國內外友人分享，共同找尋屬於自己的精神桃花源，不亦快哉！

◆華人閱讀社群主編｜鄭俊德

如果城市最重要的風景是人，那書店就是城市的靈魂。

是文字賦予靈魂力量，僅僅只是淺淺微笑，也讓人流連忘返。

《書店本事》是一場城市靈魂的探索，走訪台灣四十三家具有生命力與故事的老靈魂，以點燈人的心境，為這城市點起一盞盞光明。

你多久沒走進書店了呢，美麗的靈魂不該孤獨，因為最美的故事，都只等著有心人來聽來尋。

Section 1

時間長河，歷久不衰

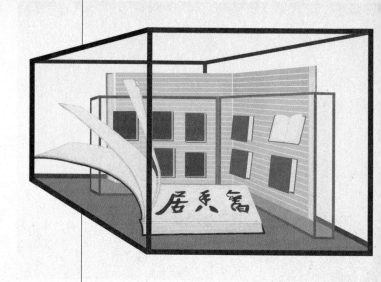

穿越時光的藏書世界

舊香居

空間本事

店　　主｜吳雅慧、吳梓傑

創立時間｜1972 年

地址電話｜師大店 台北市龍泉街 81 號

02.2368.0576

興隆店 台北市興隆路三段 162 號

02.2239.0988

營業時間｜師大店 13：00 ～ 22：00（週一公休）

興隆店 12：00 ～ 21：00（週一公休）

營業項目｜文、史、哲、藝術、古舊書、文獻資料、

名人信札書畫

特別服務｜藝文活動

可曾想過，如果書中自有顏如玉，「顏如玉」應該長什麼樣子？是古畫裡體態纖弱的鳳眼美女，還是會隨著時代改變？穿過亂中有序的龍泉市場，來到寧靜的小公園旁，推開一扇落地玻璃門，踏入既古典又現代的舊香居，身材高䠷的美麗女主人吳雅慧，彷彿來自書香世界的摩登顏如玉，時髦的外表下散發出文雅的氣質，對於店裡的每一本書都瞭若指掌，無疑是這家老字號書店的最佳代言人。

「也許因為我是女生，又有留法的背景，所以媒體總是喜歡採訪我，其實舊香居是家庭事業，父母和弟弟都是共同經營者。」吳雅慧指出。

三十五年前，第一代主人吳輝康開始經營古籍與字畫買賣，從昔日的「舊書攤」、「日聖書店」到「舊香居藝術中心」，經過幾次的遷移與易名，最後於二○○三年落腳在師大附近的龍泉街。

午後的陽光從玻璃門射入店內，門外掛著「Rare Books」的牌子，今日的舊香居，主要是由第二代的吳雅慧、吳梓傑姊弟負責經營，承襲父輩的傳統，店內專門買賣文、史、哲、藝術類的書籍、字畫，而他們最大的改革是以國外藏書的思維，為舊書古籍重新定位，帶動台灣的藏書風氣。

十年前，留法的吳雅慧一馬當先打破台灣二手書市場以三、五折出售的傳統，賦予舊書新生命，當時業界的反應褒貶不一，但是多年來收藏家紛紛以行動證明舊書、古籍的收藏價值。

「舊香居以珍稀善本見長，經常舉辦藝文活動，是具指標性的珍本書店。」《經典雜誌》的執行主編蔡文村是深度書蟲，每個月總會去逛幾次實體書店和不計其數的網路書店，以價格決定在哪裡購買新書。他會逛二手書店，通常是為了尋找絕版或簽名版等較罕見的版本，此時價格就不再是優先考量。

一本歲月斑駁的舊書值多少？是沒人翻閱的廢紙，還是值得典藏的文物？二手書與珍藏書要如何界定？慧眼獨具的吳雅慧表示，東西只要有人追

求就有價值，像在國外，一本首版的《愛麗絲夢遊仙境》可能上百萬元都有人收藏，因為它是全球小朋友的共同記憶，不能用一般的標準去衡量。

「如何去界定一本舊書，其實很複雜，就書的價值而言，基本條件包括品相、內容、數量、文學定位等，它可能很學術，也可能很民間。例如某些漫畫在我們的記憶當中有強大的喜愛，價格就可能很高，因為你可能想找回某一種記憶，偏偏漫畫是最容易丟棄的東西，因此不容易找。」吳雅慧指出，一般而言，醫學、法律的書比較容易隨著時間淘汰，可是文史、藝術類的書籍往往是愈放愈珍貴。「這個做法在當年算是前衛大膽，但是我們認為這些文物值得這樣的標價。」

吳雅慧表示，舊香居之所以能做到第二代，要歸功於父親建立下來的良好基礎，讓他們擁有豐富的藏書與資源，這些都是日積月累的成果，尤其是藝術方面的專業，更讓舊香居揚名國際，早在台灣開放大陸自由行之前，就已經有許多對岸的收藏家慕名而來。

夾藏在書裡的情感

近年來大陸的藝術市場蓬勃，許多收藏者會透過學術單位來舊香居一窺第一代主人吳輝康收藏的字畫，拿著前幾年舉辦的《墨韻百年‧台灣抒寫：名人信札手稿展》圖錄，女兒吳雅慧透露，其實比起有藝術價值的字畫，父親更愛珍藏信札，經常賣畫收信，因為他覺得信札是很私密、個人的，字裡行間的確流露最真實的情感，跨越時空傾訴著書寫者當時的心情。

也許受到父親的影響，吳雅慧也喜歡閱讀文人信札，或是翻閱舊書裡前主人留下的字跡，幻想著關於對方的種種。「記得有一次，我在一本書裡看到前主人用筆標示了一段文章，寫著：『惠妹，每次我看到這一段就會想起妳……』有些人不喜歡做過筆記的書本，但是那些筆記卻帶給我無限想像的

空間。」

惠妹是誰？與書寫者有什麼樣的關係？為什麼書寫者要將思念寫在書本裡？我的腦海裡浮現出英國作家 A. S. 拜雅特（Antonia Susan Byatt）的《迷情書蹤：一則浪漫傳奇》（*Possession: A Romance*），懸疑浪漫的故事從男主角在一本舊詩集裡發現兩封信札開始。

「不過我看到那段話的第一個反應是，還好我的『慧』和她不一樣，我最怕這種肉麻的對話了。」吳雅慧爽朗地笑著說。

書店是人與書邂逅的舞台，回憶過往遇到的趣事，吳雅慧有說不完的故事，用心經營的她十分注重與顧客之間的互動，也會記得哪位客人喜歡什麼樣的書。

「有一位老伯伯拿來賣的書裡總是夾著一張張古典美人的愛國獎券，也許那就是他的顏如玉吧？」吳雅慧說，每一個人都有自己的故事，隨著時空的改變，塵封在書本裡。

約莫從小學三、四年級開始，當同年齡的小朋友放學在外面玩耍時，吳雅慧就已經開始到店裡幫忙，有些人覺得她很可憐，都不能出去玩，但她卻覺得自己像是夢遊仙境裡的愛麗絲，總是樂此不疲地從舊書裡發掘許多樂趣，充實成長中的每個階段。

店內一些可愛的擺飾物，是吳雅慧的個人收藏。

書堆裡探險的愛麗絲

「小的時候，我最喜歡幫忙整理還沒有上架的書，有時在書裡找到漂亮的小書籤、糖果紙或楓葉，我就會問媽媽可不可以給我。」對於那個年齡的孩子而言，從密密麻麻的文字書裡尋獲的「寶物」是最大的犒賞。

大一點之後，她開始閱讀不同類型的作品，有些同學也會來陪她顧店，把書店當成圖書館，盡情閱讀金庸、瓊瑤或三毛的書。

在這樣的環境裡成長，承襲家業是理所當然，吳雅慧表示她從來沒有想過要換工作，也慶幸自己的幸運。「我一直適應得非常好，也很喜歡這個行業。看在別人的眼裡，也許會覺得我的作風新潮，其實我的專業是從小在耳濡目染之下經年累月形成的，所以不像別人開書店必須先去了解很多書或學習很多東西，我沒有經歷太多這種過程。」她說。

不同時代的故事可以留存下來，書中的人物會停格在時空裡，但是穿梭在書店的主人與顧客會隨著歲月成長。昔日梳著辮子好奇翻閱書本的小女孩，如今已是舊香居的第二代主人，而舊香居也遷居龍泉街十年了。走入店內深處，地下室的玻璃櫃裡陳列著一本本代表台灣不同時代的文學作品，展覽至二〇一四年三月的「本事‧青春：台灣舊書風景」，是紀念舊香居龍泉店十週年的特別展覽，透過各種典藏版的書本，編織出台灣的豐富面貌，與讀者邂逅。

前來看展的大學生劉祈偉是第一次光顧舊香居，因為想找一些特別的書及絕版書，上網搜尋而查到這裡。猶如劉祈偉所說，逛舊書店可以尋找童年的回憶，在回顧舊香居十年的展覽裡，精挑細選的書本裡也許有你往日最愛的那本書，或是帶領你跨時代的鄉愁，但是這個里程碑沒有終點，人與書的故事會繼續在這個舞台擦出火花。

吳雅慧
舊香居第二代主人,曾留法主修藝術管理,十年前以新穎、
獨特的經營方式,掀起二手書的「書香革命」,重新定位
舊書的市場價值,希望能帶動台灣的舊書風氣,打造出像
巴黎或日本的舊書市場。

茶 話 本 事

Q:最大的挑戰是什麼?
A:許多舊書不像新書有 ISBN 可查,必須對每一本書和其領域都有相當的了解。

Q:如果以一個字代表自己的書店,妳會用什麼字?
A:「滿」,書店是豐富多元的,在書的世界,無論是歡喜還是憂傷,每本書都能帶給不
　　同的人不同的回憶。

Q:最喜歡哪一類的書?
A:繪本,希望以後能開一家繪本書店。

Q:對於電子書有什麼看法?
A:正因為有電子書,更能凸顯「物」的重要,讓絕版書更為搶手。

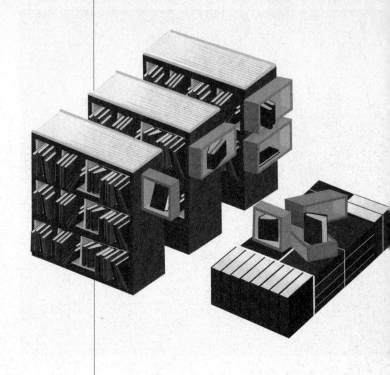

有古有今的通識書店

古今書廊

空間本事

店　主｜陳麗夙
創立時間｜1960 年
地址電話｜博雅館 台北市羅斯福路三段 244 巷 17 號
02.2363.6358
人文館 台北市羅斯福路三段 244 巷 23 號
02.2367.1797
營業時間｜10：30 ～ 22：00
營業項目｜通識二手書、珍本、字畫
特別服務｜無

學子莘莘的溫羅汀是台北獨立書店的激戰區，轉進台電大樓旁的巷子走到底，外觀不起眼的古今書廊是遠近馳名的老字號獨立書店，從牯嶺街的書報攤起家，經歷了光華商場的年代到今日擁有博雅館與人文館兩間店面。

　　走進博雅館，書多到無法全部上架，一疊疊的小書山堆積在地上，如果揹著後背包，就得小心翼翼地在店裡穿梭，免得一不小心背包撞倒書山。

　　其實古今書廊不是沒有設計理念，書櫃和樓梯都是以原木來呈現古樸的感覺，如果仔細觀看，標示書籍分類的板子更是以老抽屜來象徵收藏在抽屜裡的無限驚喜，只是茫茫書海淹沒了裝潢時的巧思。在二樓的小閣樓裡，現任經營者陳麗夙——第一代主人賴玉的媳婦表示，剛搬到這裡時，她也曾考慮是否要走時下流行的空間美學風，讓書不要落地，最後還是覺得書店的重點就是書，有空間就要盡量擺出來。

　　「之前有一位老婆婆要找關於酵素的書，我們就在架上找到了一本。有些不熱門的書，在新書店可能已經找不到，如果在這裡能夠買到，知識就可以傳播出去。」陳麗夙表示，店裡的書雖然很多，但她對於書的分類要求很嚴格，所以很容易找，她希望愛書人來古今書廊都可以找到想要的書。

　　收書收了半世紀，古今書廊累積了豐富的藏書，不過由於在台北，大坪數的一樓店面既難尋又昂貴，只好將店拆成兩間，將文史哲的書籍集中在隔壁的人文館，而博雅館則是收藏其他琳琅滿目的通識書籍，從生活、藝術、醫學、法學到命理等什麼都有。

　　「我們的書雖然很多，但都是精挑過的，經得起時間的考驗。」

　　什麼是經得起時間考驗的書？陳麗夙解釋，有些書有時間性，像電腦資訊會一直更新，他們就不會收。而即便是像命理、藝術、文史這類比較長銷的書，他們也會依市場狀況判斷。「例如前一陣子很暢銷的《哈利波特》，我的庫藏量已經有五套就不會再進，因為往後五年、十年還會有很多人繼續拋出來。」

收書，舊書店的命脈

如何選書是一門藝術，相對於坊間處處可見的暢銷書，陳麗夙反而會收不留下來就會失傳的書。「一些有年代的書，不管好不好賣，我們都會留下來，有一些書連圖書館都沒有，所以中央圖書館、中央研究院都跟我們買過書。」她說。

經營舊書店，收書是一門學問，必須要有門路和人脈才能收到好書。陳麗夙指出，古今書廊能夠收到許多具有保存價值的書，除了長年累積出來的收書來源，最重要的還是因為他們懂書。

自小學起就隨著家人在牯嶺街擺攤的賴進義是古今書廊的藏鏡人老闆，過去因為在大學任教而不便曝光，今年剛退休的他隨手指著身旁一疊《蔣氏慈孝錄》說：「這書從出版到現在已經快五十年了，它是線裝書，裡面有藝術，有歷史，所以可以成為拍賣品。」

老闆娘補充說明，此書乃蔣介石為紀念其母親百歲誕辰而印製，其中收藏了許多名家向王太夫人祝壽的字畫，因為大多數人對它不了解，所以一般網路上只能看到一函，其實它總共有三函，三十六本才是完整的一套。

「通常和我們接洽的人都很願意將書交給我們，因為我們懂書，他們知道我們會珍惜他們的書，讓書能夠延續下去。」老闆娘溫柔的眼神中散發著自信。

雖然收書工作看似一通電話就結束了，其實背後要付出相當大的心血。

在店裡，我們看到的二手書都已經整理到最佳狀態，我們看不到的是，原先它們也許沾滿了灰塵或已潮溼發霉。想像一個畫面：有一位愛書的老先生住在沒有電梯的老公寓，他將一生收藏的書放在五樓加蓋的閣樓裡。有一天，老先生中風了，卻執意不肯讓任何人進去他的藏書閣，就這樣二十年過去了，閣樓完全沒有清潔打掃。後來老先生辭世，他的家人要將書讓給古今

書廊，老闆與老闆娘從走進閣樓起就開始不停地打噴嚏，因為裡面塵蟎漫天，處處可見蟑螂的乾屍，而書本幾乎沾滿了蟑螂屎，他們必須下工夫清理、裝箱，最後還得從五樓一箱一箱地扛下樓……

「所以經營舊書店，除了要有學問，還要有體力，我們也經常會到資源回收場尋寶。」陳麗夙笑著說，有體力時，學歷不夠淵博，等要有學問時，體力又不夠了，舊書店難就難在如何永續經營。

珍本，未來的趨勢

首先，賴進義指出，舊書店不是簡單就可以繼承的行業，書的種類太多、年代太廣，接班人必須要是體力好、學識淵博、對書執著的人，願意每天在店裡待上十個小時，連被書砸到都還很快樂。

再者，舊書店的擴充不容易。「許多行業做了十年、二十年總是可以擴充，但是我們不行，就算累積多年經驗，明明知道哪些書好賣，但是貨源掌握在別人手裡，是靠運氣吃飯，能維持、支撐下去就不容易了。」陳麗夙搖搖頭說，時代在改變，現在的年輕人不愛買書，他們擔心的不是書賣不掉，而是將來可能面臨收不到書。

◀以老抽屜象徵收藏在抽屜裡的無限驚喜。

▶店員用砂紙細磨書頁，讓書本汰舊換新。

然而，他們目前遇到最大的困難是電子化的衝擊。陳麗夙進一步解釋，所謂的電子化，指的不是電子書，而是網路的普及，所以他們也不得不分一些人力在網路上。「這是時代的改變，例如小說好了，之前大家都在看《暮光之城》，依照傳統，二手書會以半價出售，但是現在的年輕人會自己上網拍賣書，如果他們賣兩折，我們不跟進，可能就永遠賣不出去，但是我們有房租、人力、管銷的壓力。」

　　面對消費形態的改變，賴進義認為，未來舊書店的趨勢是有收藏價值的珍本、古董書，這一類型的書不會被網路取代。例如過去大專生人手一本的英文字典，現在幾乎沒有人在買，可是古今書廊卻有一些特殊字典，像是王雲五的《四角號碼字典》，這是 Google 字典無法查詢的，收藏者也不是一般學生。

　　從牯嶺街的年代算起，走過半世紀的古今書廊很清楚時代變化與未來趨勢，雖然書店目前的經營方針是以傳遞知識的博雅、通識為主，但是賴氏夫妻也會留一些屬於拍賣級的特殊珍本、古董書、字畫等為將來鋪路。

　　在堆滿了古籍的閣樓裡，賴氏夫妻滔滔不絕地介紹現代人鮮少會去接觸的史書，店裡有一套《古今圖書集成》——康熙時代的百科全書，內容包羅萬象，舉凡建築、藝術、文學、史學、生活等應有盡有，而古今書廊就猶如那套書般，藏書內涵非常豐富。

　　「古今有新舊的涵義，我們的書籍有古有今，古在今前，無書不成古。」博學的老闆自豪地表示，這就是店名的由來。

陳麗夙
第一代主人賴玉的媳婦，尚未入門時曾在圖書館及國科會
工作，因此對於精準度要求較高，管理書店得心應手，自
六年前起完全接手管理。（圖左為陳麗夙的夫婿賴進義）

茶 話 本 事

Q：開書店的樂趣在哪裡？

A（陳麗夙）：對我而言，是永無止盡的學習，因為要接觸許多書，遇到不懂的就會去查詢，
　　學習的本身就是一種樂趣。

A（賴進義）：對我而言，一方面是生活，從小這個書店將我養大；另一方面是一種成就感，
　　可以讓工作內容更豐富。

Q：鎮店之寶是什麼？

A：太多了，明、清的書，百年以上的書，都稱得上鎮店之寶。

Q：什麼書讓你最難忘？

A（賴進義）：我收過抗戰時期日本人進軍中國的記載畫冊，每一張都是精密的水彩畫結集
　　成冊。當時日本的戰場很大，這可能是將領之間互相傳遞訊息的資料。

A（陳麗夙）：我印象最深刻的是日治時代日本在台灣辦萬國博覽會的書，有一本以圖片為
　　主的大冊子和一本以文字為主的小冊子，我看到時驚為天人，覺得當時就可以做出如此
　　精緻的書，怎麼過了六、七十年，我們竟然沒有進步，比不上過去的時代？

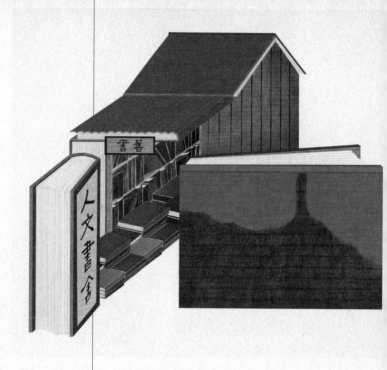

見證近代史的時空迴廊

人文書舍

空間本事

店　　主｜張銀昌、孫玉山
創立時間｜1966 年
地址電話｜台北市牯嶺街 61 之 6 號

　　　　　02.2321.4540

營業時間｜11：00 ～ 17：00（週日公休）
營業項目｜文、史、哲二手書、文獻、珍本
特別服務｜無

走在人潮冷清的牯嶺街，不見昔日舊書攤密集的朝氣，難以想像這裡曾是台灣舊書文化的起點。當牯嶺街的光環隨著舊書攤的遷移黯然，歲月逐漸沖淡了書香味，有一家名副其實開在「巷弄裡」的舊書店卻始終堅守著。

　　沿著牯嶺街尋找六十一之六號，原以為是一間方正的店面，豈料卻來到一條入口寫著「人文書舍」的昏暗長巷，狹窄的空間似乎是在兩道牆之間加蓋木造閣樓而成的「店」。走進兩側堆滿書籍的幽暗店內，感覺上好像來到一個祕密通道，裡面暗藏著絕世武林祕笈，祕密就在已退隱的老店主張銀昌身上。「我沒有特別要留在牯嶺街，只是當年只有書攤被遷移到光華商場，而我這裡是一家店。」老人家笑著說，這條巷子可是要付租金的國有地，他原本開在對面，後來因為屋主要改建，於一九七六年搬到這裡。

　　人文書舍是見證牯嶺街興衰的老字號，坐在巷內深處的板凳上，背脊挺直的張銀昌穿著西裝、戴著鴨舌帽，操著一口濃濃的鄉音，鉅細靡遺地訴說人文書舍的歷史，完全看不出已經八十七歲。

　　出身河南舞陽，張銀昌是大時代的兒女，十六歲加入國軍，歷經中日戰爭、國共戰爭，一九四九年隨著國民政府遷台。日治時代的牯嶺街是日本人的住宅區，日本戰敗後，等待被遣返的日本人將家中的貴重物品拋出來變賣，逐漸形成滿街路邊攤的風景。到了一九五〇年代，一些賣舊衣雜貨的攤販逐漸往萬華移動，而舊書攤則持續增加，一九六六年到一九七六年是牯嶺街最繁榮的時期。「那時候台灣的經濟剛剛開始起飛，大陸又正在搞文化大革命，很缺參考書，許多國外學者要研究大陸問題，都到牯嶺街來大批購買。」翻著一本記錄著每日收支的泛黃老帳簿，上尉退役的張銀昌回憶開店時正值牯嶺街舊書業門庭若市的年代，有時一天的收入就足以支撐一家五口一個月的生活費。

　　居住在牯嶺街數十載的陳世輝是人文書舍的老顧客，身材高大的他幽自己一默說，他對舊書店有一份特殊的情感，因為男人年輕的時候總愛偷看《花

花公子》。戒嚴時期，禁書很多，舉凡任何被視為「妨礙社會風氣」或政治敏感的書都會遭禁，其中也不乏一些經典名著，因此許多舊書店的檯面下也暗藏著黑書市場。

當時出版業沒有現在多元，每個月都有新書上市，也沒有現在自由，可以論述各種觀點，所以包羅萬象的舊書店扮演著重要的文化橋梁，喜愛閱讀的張銀昌還在軍中服務時，也經常在牯嶺街的舊書堆裡尋找知識。

「我在大陸沒有讀過幾天書，來到台灣後，有幾位同事的程度很高，我向他們學習，經常到牯嶺街找書。」靠自修學習的張銀昌表示，在軍中讀書是他最重要的興趣，也曾寫作投稿，所以退役後才會萌生開書店的念頭。

在那個滿街飄著書香的年代，人文書舍能夠占有一席之地，除了開店的時機好，另一個重要的因素就是選書。「我和其他舊書店有一個很大的不同，就是我很注意近代史，包括歷史人物。」張銀昌從書桌下隨意掏出一本《吳南軒紀念集》說，像這類關於大陸近代人物的個人紀念集、文集，現在已經沒人要，但在當年都是很值錢的書，因為當時國外的學者很重視中國歷史，他有許多來自美國及日本的客人。

牯嶺街的沒落，根據張銀昌的觀察，主要有三個原因。首先是一九七三年光華商場落成，舊書攤集中到八德路，不過那時牯嶺街還有許多舊書店。而在一九七七年文革結束後，大陸漸漸開放，海外學者不再需要藉由台灣研究大陸，因此影響到舊書店的生意，再加上第二代沒興趣經營，於是書店一家接一家地關閉。而今，在時代的變遷下，人文書舍是牯嶺街碩果僅存的三、四家書店之一，雖然同樣賣著文、史、哲的書籍，但老人家坦言，生意比以前差很多。

「現在賣得比較好的書是一些古典名著。」張銀昌說，無論是《紅樓夢》還是莎士比亞，特殊版本的經典巨作有它屹立不搖的地位。

「有很多書新書店沒有在賣，比如說《容齋隨筆》、《貞觀政要》，我

常在店裡賣這些書，因為客人在新書店找不到適合的版本，就會來這裡找。」張銀昌的女婿，也是現在人文書舍的負責人孫玉山在一旁補充說明。

「經營舊書是八仙過海，各憑本事。」在二〇〇六年張銀昌八十大壽那年接手人文書舍的孫玉山說，舊書店其實仍有一些發展的空間，祕訣不外乎就是勤勞收書，能不能收到好書是關鍵。

書店的感動來自於人

走過半世紀，許多絕版好書或珍本在人文書舍進進出出，唯有一本一九三九年的《韓非子》是張銀昌不願出售的鎮店之寶。

「這本書的珍貴不是在書本身，而是書上的筆記。你看，這個人多用功，他研究很多古書，和《韓非子》做比較，帶給我很多啟示。」張銀昌一邊翻書一邊說，書上工整的字跡都是用鋼筆寫的，有許多見解都很好。

從張銀昌惜才的神情，看得出他對閱讀的熱忱，不過更令人動容的是，書中還夾著許多小紙條，上面是張銀昌的筆記。兩位不同時空、素昧平生的愛書人，透過一本《韓非子》在書中交會，是人與書之間最難能可貴的緣分。有沒有一種可能，這本書可以繼續這樣流傳下去，每代主人都在書中留下自

人文書舍的長巷，猶如一道近代史的時光隧道。

己的見解？

　　舊書店動人的故事，往往都是發生在收書的過程，以及與客人之間的互動。收書多年，張銀昌遇到一本令他愛不釋手的《韓非子》，溫度是來自於那本書的原主人。而賣書多年，張銀昌也遇過形形色色的客人，至今記憶猶新是一位悲劇性的才子。那個人叫卜銳新，抗戰前畢業於北京的燕京大學，曾任《中央日報》採訪主任，還採訪過寫《何成濬將軍戰時日記》的何成濬，也待過中廣，中、英文都非常流利。因為他研究近代史，到了台灣之後，有一陣子幾乎天天都會來人文書舍買書。然而他的思想嚴重影響到工作，他一直覺得自己遭受監視，成天擔心政治會對他不利。之後他與外界的接觸愈來愈少，收入自然也逐漸減少，不但無法再來買書，連住宿、吃飯都成問題，四處借錢，也向張銀昌借過錢。

　　「後來他因為繳不起房租，被警察拘留，流落到不堪的地步。」張銀昌搖頭惋惜地說，這個人學問非常高，知識份子落得如此悲慘的下場，讓他不勝唏噓。

　　聽完張銀昌講述的故事，有點感傷也有點好奇，於是上網去 Google 關於卜銳新的資料，雖然收穫不大，卻從大陸出版的《陳果夫全傳》裡發現一小段關於陳立夫指派中統特務卜銳新到《中央日報》任記者、專門刺探中共情報的敘述。如果屬實，也許多少說明了他內心的恐懼？張銀昌表示，他不曾聽說卜銳新做過特務，他所熟知的卜銳新，是那位與他促膝長談文學、歷史的學者。事實的真相是什麼？卜銳新是否另有朋友不知道的一面？無論是非，都讓我感受到那個年代的氛圍。

　　人文書舍的長巷，猶如一道近代史的時光隧道，帶著人們從陌生的戰亂時期走到戰後的台灣。張銀昌口中的長官、同伴及當時的知名人物，聽起來都像是只會出現在史書裡的名字，透過他的講述漸漸真實。時光會流逝、人物會凋零，記錄在書中的文字，卻會流轉在舊書店裡，繼續引起共鳴。

張銀昌

一九二七年生於河南舞陽,十六歲加入國軍,先後歷經中日戰爭、國共內戰,一九四九年隨國民政府遷台,上尉退役後在牯嶺街開舊書店至今,現由女婿孫玉山接手經營。

茶 話 本 事

Q:開書店的樂趣在哪裡?

A:喜歡讀書,每次找到沒讀過的書就覺得很開心。

Q:遇過最大的困難是什麼?

A:一九七七年發生過火災,天花板都燒掉了,現在還看得到痕跡。幸好只有燒掉上面的書,下面沒被燒掉,沒有血本無歸。起火原因是隔壁的舊書店失火,一直延燒到這裡,因為都是木造房。

Q:什麼書對你影響最大?

A:《約翰・克利斯朵夫》,很勵志。

Q:如果以一個詞代表自己的書店,你會用什麼詞?

A:誠懇。

年近九十的張銀昌喜歡寫書法,他會為書名斑駁的書籍,再寫一張新書皮。

唐山書店

藏身在地下室的知識寶庫

空間本事

店　　主｜陳隆昊
創立時間｜1982 年
地址電話｜台北市羅斯福路三段 333 巷 9 號 B1
　　　　　02.2363.3072

營業時間｜週一～週五 9：00 ～ 22：00
　　　　　假日 10：00 ～ 22：00
營業項目｜人文、社科、學術書籍
特別服務｜出版、藝文活動

冷門的學術書籍要上哪兒找？人文、社科的學生會不約而同地往「地下」找。沿著大大小小的藝文海報重疊貼到連天花板都透不過氣來的樓梯間往下走，位於地下室的唐山書店兼出版社，乍看之下猶如一間堆滿書籍的倉庫，潮溼的霉味蓋過新書的氣味，但是對於許多知識份子而言，這裡卻是滿足知識欲的寶庫，三十多年來陪著一屆又一屆的學子走過青澀的歲月，見證了好幾波的學運，以及台灣出版業在時代急遽變遷下的興衰更迭。

在漫漫歲月裡，唐山書店固然搬過三次家，卻始終因著節省房租而棲身在書本容易受潮的地下室裡，從來不敢「浮上檯面」，也難怪有人戲稱它是永遠的「地下書店」。六年級的作家朱和之表示：「每次到唐山，都有種進入地下祕密社會窺看到某種別派武林祕笈的趣味。」

風趣健談的老闆陳隆昊的確有種武俠小說裡老頑童的感覺，但是他卻促狹地說自己是「pirate」出身。

先別急著瞪大眼睛，讓我們回顧一九八〇年代陳隆昊成立唐山書店時的台灣，當時對於著作權的概念還很模糊，台灣尚未加入世界版權公約，未經授權翻譯或直接翻印的原文書滿街可見，在一九九四年的「六一二大限」以前，販售盜版的外文書籍並不違法。

「特別是一些專精的學術研究書籍，在台灣很難買得到，所以經常會有教授委託翻印做教材。」陳隆昊解釋，那個年代要出國買書不容易，當然也沒有電子書，因此翻印書成為讀書人必然挖掘的「寶藏」。

昔日陳隆昊的「海盜船」裡還有一種「寶藏」——坊間買不到的禁書。那個年代的資訊不如今日發達，加上台灣社會尚處於戒嚴時期，一些書籍因為政治因素必須潛伏於「地下」，比如與馬列主義相關的論著，或魯迅、巴金及其他留在大陸的左翼文人作品。在當時，無關左派、右派，求知的欲望都無比熾熱，愈是被禁，眾人愈是好奇，千方百計地找書來看。從智慧財產權的角度來看，台灣曾是歐美國家眼中的海盜王國，弔詭的是，在資訊有限

的當年，那些盜版書籍也讓許多人透過文字與國際學術界接軌，如今回首，只能說那是台灣社會在劇烈變遷中的一個階段性現象吧。

堅持為弱勢發聲

「我就是遇過那個時代，也賣過那些書。」笑看過往，雖然那樣的時空已不復返，陳隆昊表示唐山書店依然秉持著一貫的精神——給弱勢一個發聲的舞台。

「這麼多年來，我們也出了不少書，但都是非主流題材，關注弱勢議題，市場性較小，是一般大書店不願意擺的書。」他說。

所謂的弱勢，陳隆昊的解讀是非主流，相對於大眾，小眾便是非主流，所以他會賣冷僻的詩集或劇本，也會賣勞工、同志、少數民族研究等議題的書籍。研究人類學的他說，這是他對於少數的執著，因為人們永遠搖擺在多數與少數之間。

「我要做一般人不願意做的事，堅持自己的理想。這可能與我的成長有關係。我是客家人，客家人在台灣只有百分之十二，相對於閩南人就是非主流。」談笑中，陳隆昊的眼光閃過一絲驕傲，滔滔不絕地敘述自己的成長背景。

一九五一年出生於新竹關西的陳隆昊，年幼時只會講客家話，每次和父親上台北，就覺得自己很淒慘，無論是閩南話還是國語都聽不懂，而關西往東進入大雪山的方向，約七、八公里就有一個泰雅族的馬武督部落，小時候他經常跟隨原住民去打獵，才發現原來有人比他更淒慘、更小眾。

「我到台北以為自己夠慘了，什麼都聽不懂，到了部落才發現，雖然我是弱勢，但相對於比我更弱勢的人，我又不是最弱勢。」陳隆昊表示，這樣的發現激起了他對於人類學的興趣。這種擺動在多數與少數之間的特質，也

反映在他的研究與工作上。

從與他關係密切的客家人到各地的少數民族，陳隆昊對於任何小眾的人事物都很關注，店名會取為唐山，也是一種對於尋根的想像。

「唐山過台灣，台灣早期的移民，無論是閩南人還是客家人，都從廣東福建越過黑水溝移民而來，這是一個文化詞。」他說。

只是既然陳隆昊喜歡做研究，又頂著台大、政大的高學歷，為什麼卻一頭栽入出版業，還開了書店？陳隆昊表示，他喜歡研究人類學，但並沒有打算當學者，所以心想如果開一家專賣人文、社會學書籍的店，自己就可以隨時閱讀。

他自嘲地說：「這就好比自己喜歡喝羊奶，所以養了一頭羊，其實並不理性。」可是多年以後出現了《藍海策略》，他才恍然明白，原來當時他看似將自己的事業做小了，卻反而拉攏了喜歡人文社會科的讀者，造就他的「藍海策略」。

就這樣，風格明確、一本初衷的唐山書店，在「地下」經營了三十餘年，表面看似屹立不搖，卻是看盡大風大浪。陳隆昊說，賣書本身不是問題，最大的挑戰往往來自外在社會環境及政策的變化，他也曾有兩度陷入絕望深淵的經驗。

要進入唐山，就得通過這個貼滿海報的樓梯。

　　第一個慘痛的經驗是「六一二大限」，不能盜版以後，除了再也不能「搶」到什麼就印什麼，不花成本地出書，更頭痛的是客戶紛紛退書，他不僅必須花錢買回來，還得自行銷毀，這無疑是個沉重打擊。

　　第二個大事件是一九九七年的亞洲金融風暴。不能做翻版書之後，陳隆昊開始進口以英文為主的原文書，因為是總經銷，所以是半年結一次帳。他進書的時候，匯率是一美元對台幣二十五元，可是到了結帳的時候，台幣已經貶到一比三十六。「也就是說，若我欠外商十萬美元，我原本是要付兩百五十萬台幣，結果我現在要花三百六十萬才換得到十萬美元，光是匯差就賠死了。」回憶失敗的過往，陳隆昊說，那時他曾想台幣為什麼不再貶值得徹底一點，乾脆倒閉就不用還錢了。

　　「生命是經驗不斷地累積，當時我欠缺國際貿易的知識，不懂得買遠期外匯，所以才沒有躲過風暴。」陳隆昊說，任何事情會隨著環境、金融及國家的政策變動，遇到了困難只能咬緊牙關撐下去，隨順環境從變化中學習、成長，不斷充實自我。

　　而進入二十一世紀，來勢洶洶的數位出版是吹垮許多小書店的「大野狼」，現在許多書只要上網就找得到，衝擊在所難免。「我的書以學術界為主，主要對象是學生、研究學問的人，偏偏這個客群最會操作網路，所以顧客的流失非常嚴重。」陳隆昊坦言，就連自己找資料也會利用最方便迅速的網路，更何況是消費者。

　　數位時代的來臨是傳統書店的隱憂，面對未來的挑戰與未知的變數，看盡江湖潮起潮落的陳隆昊豁達地表示，一切隨緣。「我已經做好了準備，就算有一天數位出版成熟了，也有應變的軟體及技術。但是書和音樂不一樣，音樂是用聽的，下載就好了，而閱讀是視覺，實體書和電子書終究不同，現在唯一能做的就是停聽看。」

陳隆昊

台灣大學考古人類學系（現人類學系）、政治大學邊政研究所（現民族學系）畢業，一九八〇年成立唐山出版社，翌年開設唐山書店，三十多年來始終秉持著為小眾服務的精神，陪著一屆又一屆的莘莘學子探索人文的領域。

茶　話　本　事

Q：什麼書讓你最受用？

A：馬克斯‧韋伯的《新教倫理與資本主義精神》。這本書深入討論資本主義的精神，讀者可以站在它的肩膀上去分析很多事情。資本主義有個很大的特質：簿記（book keeping），即將所有生意上的帳都記下來。例如荷蘭東印度公司一六〇二年成立，他們到東南亞去做貿易。以今日觀點來看，這就是跨國企業，總公司在阿姆斯特丹，雅加達是亞太總部，有台灣的安平分公司、日本的下關分公司等等，完全符合現在資本主義的雛型。那本書讓我了解到簿記，也就是資料的保存，真的很重要。當時荷蘭東印度公司規定每天要做簿記，統治台灣時的簿記《熱蘭遮城日誌》到今天都還在，寫得很詳細，連研究氣象都可以參考。

Q：開書店的樂趣在哪裡？

A：隨時可以閱讀，書是最佳伴侶，不想讀放一邊，書不會對你生氣；將書畫成大花臉，書不會跟你計較；同時閱讀好幾本書，書不會爭風吃醋。

Q：最難忘的人事物是什麼？

A：當年做教材翻印書時，很擔心會沒有市場，當時台大城鄉所的夏鑄九老師要我印城市規劃的書，印好後，學生一共登記了兩百五十本，我興奮地跳起來，那是我事業起點的一大鼓勵。我的人生中只有兩次高興到跳起來喊 ya 的經驗，一次是這一次，一次是長子出生時，連我考上台大時都沒這麼興奮。

台南最老的舊書店

金萬字二手書店

空間本事

店　　主｜李俊嶢

創立時間｜1953 年

地址電話｜台南市中西區忠義路 2 段 6 號

06.225.0191

營業時間｜10：00 ～ 22：00（週一公休）

營業項目｜全方位二手書

特別服務｜無

在二手書店密集的古都台南，招牌以耀眼的金色大字氣派地寫著「金萬字」的老書店，是許多台南人或在南部讀過書的人的共同記憶，尤其是老一輩的人，無論是想買書還是賣書，都會想到它。

「我以前也常去金萬字買參考書，那隻會喊『阿扁凍蒜』的鸚鵡還好嗎？」台中新手書店的老闆鄭宇庭，學生時代也經常光顧金萬字，當他看到我的筆記本裡夾著金萬字的名片時，懷念地問。

從金萬字的落地玻璃門，就可以看到一個大鳥籠，裡面有一隻灰鸚，是金萬字的「小店長」，許多人都對牠印象深刻，但是鄭宇庭問候的那隻鸚鵡，已經隨著世代交替落幕，現在這一隻灰鸚就跟牠的主人李俊嶢一樣是第二代。

「我爸很喜歡鳥，之前那隻養了將近四十年，但已經過世了，現在這一隻才六、七歲，沒有以前那隻會說話。」操著一口台語的李俊嶢是金萬字的第二代經營者，自學生時代起，寒、暑假都會來店裡幫忙，一九八二年退伍後回來工作，當時的金萬字還在舊址，直到二○○○年現在這棟樓上是李公館的房子建好後，他才正式接手。

金萬字店裡，掛著一副寫著「萬卷經書開智慧，字源河洛啟文明」的對聯，透露著金萬字的小歷史，原來這家店原名「萬字」，因為已有人登記，才改名為「金萬字」。「我也不知道我爸為什麼要取這個店名，爸爸說以前他是在收一些酒瓶、小五金之類，後來有人要搬家，請他順便將書清走，漸漸玻璃瓶愈收愈少，書愈收愈多，就轉型了。」台味十足的李老闆哈哈大笑說，雖然他在這裡工作了三十多年，但這家陪著台南走過一甲子的店年歲比他還要大，許多過往他也說不清楚。

在李公館的客廳裡，主人搬出一個紙箱，裡面裝著記錄金萬字歷史的老資料，像是一些老照片、廣告文宣等。他拿著一張反面印著金萬字的美女明信片說：「你看，以前做廣告，都要請美女來拍照。」

每一個年代都有它的時代背景所形成的風格，隨著一些泛黃的資料感受

時代的變遷是一件有趣的事情，一甲子的歲月裡有變與不變的元素，金萬字換了老闆、換了地點，但依然是台灣少數的全方位二手書店，連教科書、參考書都販賣。

「現在很多人不收教科書、參考書，原因是內容一直變，如果是三、五年一次大變動還好，但往往是每年改個一、兩課，一本好好的書就沒有用了。但我們以前是這樣起家的，所以還是把收教科書、參考書當成一種傳統。」李俊嶢表示，過去到了寒暑假，許多人會來買教科書、參考書，尤其是快開學時，店裡經常水洩不通，但現在這些書經常在改版，變得很難賣。

「以前課本經常是哥哥或姊姊傳給弟弟或妹妹，這樣才不會浪費。」李俊嶢搖搖頭說，現在的課本都很貴，可是畢業後沒有用，大家就會把它們丟掉或拿去回收，尤其是大專商課的課本，只要一改根本沒人要買。「課本一直改、一直改，改得很沒有意思，有些書到了最後我們也不得不拿去回收。」

一本教科書頂多值幾十塊，李俊嶢直率地說，他就當作自己是在服務社會，若論生意還是要靠文、史、哲方面的書，或是一些珍本、絕版書。

老書藏在老店裡

「我店裡也有一些日治時代的書，那個時候出了許多書都很細緻，像這本《台灣歷史畫帖》是日治時代的油畫冊。」李俊嶢一邊解說一邊翻箱倒櫃，抽出一本日文的《嘉南大圳新設事業概要》，道：「這是關於烏山頭水庫的書，裡面還有八田與一的照片，這是我最近從倉庫裡翻出來的書，因為我們做久了，所以收到很多這類的書。」

李俊嶢表示，這一類的書比較有價值，因為有年代、有歷史，物以稀為貴。「我們是老店，特色就是『古』，所以我現在將這些古書 po 上網，也打算在一樓做個展示台。」

不過李俊嶢坦言，現在要收到老書不容易，目前金萬字還招架得住，因為許多書都是以前收的。「之前有年輕人想開舊書店，來我這裡取經，我告訴他們，經營舊書店，如果是好書，就賣得很快；問題是要能夠永續經營，必須不斷地收書。」至於如何收書，店家必須各憑本事去挖寶，有人專攻回收場、有人尋找藏書家，對於金萬字這種老字號，書源還算穩定，李俊嶢比較感嘆的依然是時代的變化。

「大家都說台南是文化古都，讀書的風氣比較好，那是早期的事情，現在有幾個小孩在看書？大家都在滑手機，這是全國性的問題。」從過去家家戶戶沒有電話的年代，到現在人手一支手機的世代，李俊嶢指出，網路興起了，但每個人一天還是只有二十四小時，所以看書的人口一直在壓縮。

「我們的生活不外乎是食衣住行育樂，前三項不會變，但是後三項，尤其是樂，一直在改變，現在小孩看書不耐煩，沒事就拿起手機滑來滑去，大家都變成宅男宅女，我兒子也是這樣。」李俊嶢有兩個兒子，老大已經大四，老二就讀高三，他表示這兩個孩子從小個性就很不相同，老大可以在書店待上一整天，老二一進書店就哭，即便如此，愛看書的長子仍會受到電腦的影響。「以前沒電腦，老大走到哪兒都會帶一本書，連《聖經》都看，一有了電腦，他看書的時間就自然減少。」

網路的興起，改變了現代人的生活型態，李俊嶢淡淡地說，以前到了

鳥是金萬字的特色。

寒、暑假，童書都賣得很好，現在每況愈下，主要客群的年齡層偏高，店開久了總是有說不完的故事，像是愛書成痴的老先生省吃儉用就是為了買書，或者是在店裡發現以前自己買來送人的書，因為對方過世，書才會出現在店裡。「舊書店往往有些比較感傷的故事，有時候書會流出來是因為人已經不在了。」感嘆世事無常，李俊嶢說最近還收到一封很奇妙的信，對方告訴他，小時候家裡很窮，沒有錢買書，所以在金萬字偷了兩本書，隨函附上兩千元，希望足以償還。「不知道是什麼書，而且那時候的書也不可能這麼貴，我想他是連利息都算進去了，我老婆就笑說這兩千元買的是良心。」

掛了一甲子的招牌，金萬字有許多與時代連結的老故事，他指著窗外傲然聳立的新光三越說，以前那裡是監獄，也有許多人會從裡面寫信來買武俠小說。「他們沒有錢，都是用等值郵票來換書。」他說。

思緒飄回從前，李俊嶢略帶感傷地說，他一邊跟我聊天，老客人的臉龐逐一浮現眼前，金萬字有許多老主顧的年齡都比五十多歲的他還要年長，這些人既是熟悉的老朋友，也是漸行漸遠的回憶。這三十多年台灣的變化很大，老客人也逐漸凋零，以前受過日本教育來買日文書的人現在寥寥無幾，對於金萬字的未來走向，他看得很開，總歸一句，就是順其自然。

「現在古書一直在式微，未來不一定能收到好書，而且兒子會不會繼承，也要看他的興趣。」李俊嶢的長子就讀輔大臨床心理系，畢業之後打算要去有山有海的花東找工作，李俊嶢支持兒子的決定，覺得年輕人在外體驗生活也好，哪天想回來接手再說。

「不過現在書店不好經營，我常常跟我兒子開玩笑說，以後乾脆來做吃的算了，比較不會被淘汰。」他笑著說，自己都是出一張嘴，幻想賣傳統的鍋燒意麵。「傳統的鍋燒意麵有炸蝦排，以前我媽媽很會炸，現在都是用魚丸，少了一點古早味。」

抱著二手書憶念母親做的鍋燒意麵，說來說去，懷舊的李俊嶢還是喜歡古早味，無論時代如何改變，舊書的氣味在他心中依然是最耐人尋味的香氣。

李俊嶢
金萬字的第二代主人，退伍之後回到書店工作，二〇〇〇年正式接手經營。

茶　話　本　事

Q：如果以一句話形容自己的書店，你會怎麼形容？
A：老書藏在老店裡。

Q：最喜歡哪一本書？
A：王浩一的《在廟口說書》，內容是關於台南廟宇的源由，圖片也很精彩。若要了解台南文化，這是一本很好的書。

Q：開書店的樂趣在哪裡？
A：看到形形色色的客人來這裡買到他們要的書，會很高興。書本是傳遞訊息的一種方式。

金萬字每本書的章都歷經沿革。

女書店

傳遞婦運的文化聖火

空間本事

經　　理│楊瑛瑛
創立時間│1994 年
地址電話│台北市新生南路三段 56 巷 7 號 2 樓

 02.2363.8244

營業時間│週一～週四 11：00 ～ 19：00
　　　　　週五 11：00 ～ 21：00
　　　　　週六 13：00 ～ 21：00
營業項目│關於女性主義、女性文學、
　　　　　性別議題的新書
特別服務│藝文活動

春意盎然的四月，人比花嬌的「奇花異姝」使出渾身解數，在女書店的「春季運動會」裡爭豔，這是一場盛大的饗宴，各界關心女權的股東及好友們紛紛對著雙十年華的女書店高歌：「Happy birthday ！」

歡騰一個月的週末講座結束後，負責規劃「女人屐痕之旅——帶著herstory環島去旅行」的女書店第一代共同創辦人范情，邀請大家一起走出位於台大校園對街巷內的女書店，隨著《女人屐痕：台灣女性文化地標》紀念版一書環遊台灣的女性文化地標。二〇〇六年由女書店出版的《女人屐痕：台灣女性文化地標》已經絕版一段時間，范情表示，六天五夜的「女人屐痕之旅」是為了慶祝女書店二十週年，以及這本書的改版發行，同時也實踐當初帶著書去旅行的心願。

「當初出這本書的構想是為了要畫一張女人的地圖，也是為了設立地標，因為大家都是跟著地圖在看世界。」范情在紀念版分享會上說。女書店的行銷企劃Molay進一步說明，這次的行程除了追尋前輩母姊的屐痕，也特別安排參訪一些有社運理念的獨立書店，觀摩其他書店如何為女性議題發聲。

「女性的權益單單倚賴婦女運動上街爭取並不足夠，改革也不是一蹴可幾，還得深耕文化、教育領域，從小培養對於性別的敏感度。」在書店的一隅，Molay解釋女書店是一家關於女性的書店，從女性主義的書籍到女性作家，女人執筆就是一種力量的展現，透過出版，性別議題可以被更多元地討論，大至重新建構「女性歷史」（herstory）、看見各學科領域的女性典範，小至對於日常生活中不平等的性別處境，勇於發出質疑的聲音，並反思改變。

「性別議題跟整個社會是難以切割的，在我們抵抗父權文化宰制的同時，進而關心資本主義的全球化浪潮，所以女書店也會討論時事議題，包括新移民家庭、全球生態危機、女性參與社會運動的角色等，提供讀者一個透過閱讀了解並互動與交流的平台。」Molay說。

加入女書店的行列五年，年輕的Molay雖然來不及參與女書店的草創時

期，對於它的過往卻如數家珍。話說女書店的緣起，要將時空拉回一九八〇年代。那是一個婦運方興日盛的時期，許多民間婦女團體紛紛成立，積極地為各種議題上街爭取權益，而從雜誌社轉型為基金會的婦女新知更是台灣婦運的里程碑。

早期婦女新知基金會也出版書籍，最經典的代表是出版部主任鄭至慧編輯的《女書》。女書是源自中國湖南省江永縣婦女之間的祕密文字，鄭至慧多次前往江永進行研究調查，並於一九九〇年出版了《女書——世界唯一的女性文字》，不過後來出版部因不擅發行而暫停出版業務。

當時鄭至慧發現歐美有許多女性書店，認為台灣也應該有一家這樣的書店，販售與發行關於女性的書。於是她與蘇芊玲一起聯合眾婦運姊妹，出資規劃籌設了「華文地區第一家女性主義專業書店」。一九九四年，女書店主就在一群婦運領袖及關心兩性議題的學者、民眾的催生下開幕，兩年後成立出版部。

一個自由的友善空間

回顧剛從戒嚴迎向民主的一九九〇年代，創立之初的女書店，是許多關注女性議題的人及弱勢族群的溫暖。當時要了解女性議題，唯有透過婦女團體，然而不同的婦女團體有不同的宗旨與訴求，在缺乏了解的狀態下容易產生疑慮與誤解，被貼上「不幸的女人」或「仇視男人的女人」標籤。

相對地，書店是一個無分男女老少、生命歷程、性別傾向都可以自由出入的友善空間，你可以選擇獨處閱讀，靜態地關注研究有興趣的議題，也可以參與各種活動、課程，熱烈地探討婦運議題，或溫馨地分享女性自覺的掙扎與喜悅。來到這裡，你會發現你並不孤單。

陪伴女書店走過二十載的經理楊瑛瑛回憶著，女書店是台灣第一家設有

同志專櫃的書店，剛開店的前幾年，週末總會有成雙成對的男男或女女相偕來訪，在書櫃間流連閱讀，有些人還是特地從遠方來，同志專櫃的書籍及雜誌是他們渴望的甘泉。

歲月在不知不覺中悄悄流逝，曾幾何時當年在街頭吶喊性別平權或埋頭在女書店做研究的年輕學生，如今已成為大專院校的教授或婦運團體的核心人物。同時年復一年也一直出現年輕的新面孔，關心女權的姊妹及朋友們一棒接一棒地在傳遞婦運的聖火，而女書店是他們傳遞知識、分享交流的藝文空間。

在女書店的留言本裡，不同的筆跡烙印著二十年來光顧女書店的客人對這家書店的感想，來自香港的 Julia 寫著：「每次到台灣都會來，很喜歡這裡有關性別研究和女性主義的書。」同伴 Joanne 亦寫著：「很羨慕台灣有此一家如此優秀的書店，很希望 HK 也有一家女書店。」

來參加《女人屐痕》分享會的曹書韻是來自上海同濟大學的交換生，主修文創產業的她指出，上海也有一家女性書店，是受到台北女書店的影響，她想以「城市女性藝文空間」做為畢業論文的題目，所以一直很關注女書店的動向，也參加寫作班，親身體驗女書店藉由課程傳達的理念與運作方式。

「台灣的女性研究及婦運的發展成熟，獨立書店的運作也很活躍。」她

女書店展現女性力量，傳遞台灣女人最真實的聲音。

給予肯定地說。

不動搖的信念

二十年來，女書店推廣婦運的成就各界有目共睹，無論是在選書、出版或是活動都備受關懷性別議題的海內外華人讚揚。然而看似成果輝煌的女書店，其實一路走來艱辛，尤其是進入網路時代，女書店亦面臨所有獨立書店共同的窘境，例如新書上市要等三大通路輪了一番才拿得到，或者爭取不到希望再版的書等等。

「有些書我們極力爭取進書，得到的回應是：『女書店可以保證賣五百本嗎？』書市的現實，讓一些好書消失於書海中。遇到客人詢問，只好請他們去國家圖書館借閱。」楊瑛瑛無奈地說。

而在二○○三年，女書店更是一度陷入經營危機，甚至已對外公布要歇業，所幸來自各界的聲援與搶救，年輕新血輪也陸續加入，為女書店的經營策略找到更多的出路及可能性。

「有些作家或出版社會希望在女書店陳列或辦分享會，這些合作讓女書的獨特性——女性書寫的空間，可以在書市的劣勢中突圍。」楊瑛瑛認為女書店能夠支撐下去，是因為它是婦女運動團體衍生出來的空間，最大的力量是創店初衷——女性主義的專業書店，至今仍不動搖。「女書店不只是一家書店，更是許多婦運及性別平等團體的書店，這裡流動著台灣女人最真實的聲音、婦女運動的文化基地、社會運動資訊的平台⋯⋯女性主義和關懷弱勢議題的改革者是站在一起的。」

楊瑛瑛

曾是《婦女新知》月刊轉型到婦女新知基金會時期的工作人員，擁有第一線婦運工作的實戰經驗，見證戒嚴後台灣社會運動的蓬勃發展。一九九四年和婦運姊妹一起開了女書店，爾後全力投入女書店草創時期的工作長達六年，回到出版界八年後，輾轉又回女書店，女性主義對她而言是切割不掉的生活重心。

茶　話　本　事

Q：鎮店之寶是什麼？
A（Molay）：客人的留言板。

Q：店名的由來是什麼？
A（Molay）：女書店，提供一個「女人寫、寫女人、為女人寫」的女性文化空間。

Q：工作的樂趣在哪裡？
A（Molay）：在這裡可以做自己。女書店比較像一個婦女團體的型態，有很多創意的發揮。一起參加同志遊行、反核遊行，大家會來到這裡，是出於對社會不平等之處的關懷，很有力量。

Q：什麼書有助於讀者認識女書店？
A（Molay）：《紫色桃花緣——女書店故事話從頭》。

Q：什麼書有助於讀者認識女性主義？
A（Molay）：《女性主義理論與流派》、《女性主義經典》。

推動環保、公益、閱讀的連鎖二手書店

茉莉二手書店

空間本事

店　　主｜戴莉珍
創立時間｜2002 年
地址電話｜台大店　台北市羅斯福路四段 40 巷 2 號
　02.2369.2780
　　　　　師大店　台北市和平東路一段 222 號 B1
　　　　　02.2368.2238
　　　　　思源店　台北市思源街 18 號澄思樓
　　　　　02.2362.3337
　　　　　台中店　台中市公益路 161 號 B1
　　　　　04.2305.0288
　　　　　高雄店　高雄市苓雅區新光路 38 號 B1
　　　　　07.269.5221
　　　　　影音館　台北市羅斯福路四段 24 巷 13 號 B1
　　　　　02.2367.7419
營業時間｜每日 12：00 ～ 22：00（高雄店到 21：00）
　　　　　思源店 週一～週五 9：00 ～ 18：00
營業項目｜二手書
特別服務｜公益、藝文活動

「一般人要賣書會找茉莉，因為他們的知名度比我們這些小書店大，公益活動做得很好。」在台中的午後書房二手書店，店主吳家名的話似曾相識地在我耳邊響起。走訪台灣各地的二手書店，經常會聽到類似的話，九份樂伯二手書店的老闆，因為自己收書的範圍較為狹窄，甚至會將類型不同的客人直接轉介給茉莉二手書店。

當台灣舊書業普遍搖頭感嘆時代變遷及閱讀風氣式微時，茉莉二手書店卻從原光華商場地下室一家沒有店名的書店，搖身變成「二手書界的誠品」，從北到南陸續開了六家分店，它的成功絕非偶然。

「茉莉進市場比較早，轉型也比較早，獲利是最好的。」在花蓮的舊書舖子，樂過悠閒生活的張學仁指出，每一個人的理想和經營方式不同，但擁有天時地利人和的茉莉二手書店，無疑是舊書店成功轉型為連鎖書店的典範。

先從「天時」說起。在茉莉二手書店的辦公室裡，笑容親切的營運長戴莉珍說：「茉莉分兩個階段，一是光華商場的階段，二是二〇〇二年開了台大店以後的階段。若說到回饋社會，是從台大店開始的。」

二〇〇二年是重要的分水嶺，因為台大店是茉莉二手書店開始投入公益並走向連鎖經營的起點。至於光華商場的階段，起先是由夫家蔡氏的婆婆經營，當時只是為了養家活口。

「緣起是先生的舅舅引進門，他是退伍軍人，從牯嶺街一直做到光華商場，最後在光華商場退休。」戴莉珍細說從頭，蔡家來自金門，剛到台灣本島時，他們一無所有。蔡謨利（也就是後來戴莉珍的先生）在 7-11 工作，哥哥在做水泥，弟弟、妹妹還在讀書。由於大家都需要生活費，光靠兩位哥哥賺的錢不夠養一家子，那時舅舅已經搬到光華商場，剛好隔壁的隔壁有一家店空出來，所以他就穿針引線讓戴莉珍的婆婆來接手。

戴莉珍在 7-11 工作時認識蔡謨利，最初會開始幫忙賣書，是因為小倆口想結婚，但缺乏經費，機靈的戴莉珍於是想出了一個辦法：擺夜市賣書！

從擺夜市到樹立連鎖店

「《易經》不是說『窮則變、變則通』嗎？沒有錢就是要想辦法。」聊及昔日的甘苦談，戴莉珍笑著說，起初夫家很反對，覺得好好經營光華商場的店就好了。可是第一天晚上他們就賣了一千多元，在一九八五年的當時，那對他們來說是很多錢。連續幾天下來，家人見利潤不錯，也就不再反對。「那時，我們每天晚上扛兩大箱的書去夜市擺，就這樣擺了六年，直到兄弟分家後，夜市讓給大哥去擺，我們經營光華商場的店。」

二○○二年，蔡謨利在羅斯福路看到一間地下室店面，便鼓勵戴莉珍走出光華商場，另起爐灶經營自己的店。「當時的台大店，就是現在的影音館。我去看店面的時候，書架都是好的，而且有六十坪，光華商場才三坪，我覺得如果有那個空間就可以圓很多夢，於是決定試試看。」

戴莉珍在舊光華商場還沒有拆掉重建成光華數位新天地時，就來到後來大家紛紛轉戰的溫羅汀商圈，得到了天時與地利，至於人和，才是茉莉二手書店成功轉型的關鍵。

茉莉台大店，可謂是二手書店的一種「革命」，因為在十幾年前很少會有舊書店找設計師設計，但戴莉珍希望能提供顧客更明亮、舒適的空間，不惜聘請行銷創意的專才來幫忙，更挖角了原在金石堂的圖書專才來當店長，將專業的領域交給專業人才，媒體紛紛前來採訪，讓茉莉二手書店一炮而紅。

「老實說，我對書的了解沒有店長或蠹魚頭來得多，我主要負責的是管理層面。」戴莉珍口中的蠹魚頭，是出版界的名人傅月庵，二○○八年起加入茉莉的行列擔任書務總監，從此茉莉更是如虎添翼。

戴莉珍回憶，當初先生會支持她開店，一方面也是想將囤積在書庫的書拿出來賣，豈知六十坪的空間，書才擺到第三層，第四層以下就通通沒有書。當時還在遠流出版公司當總編輯的傅月庵建議他們可以發起捐書做公益的活

動，經營了一段時間，漸漸書的庫存又變多了，於是他們又開了第二家店。做愈久，戴莉珍的社會責任愈重，慢慢整理出如今「環保、公益、閱讀」的理念，遂而轉型成為具備SOP的連鎖經營方式。

「現在有五十幾個員工，我覺得自己必須對這些人負責，而且在公益、環保上也有一些成就，就會想能不能做得更好。既然已經被我先生那雙手推上舞台，就要跳漂亮的舞，譬如我聘請傅先生進來當我們的書務總監，這也是我想自我突破，有別於以往的舊書店。」戴莉珍誠摯地說。

至於資深編輯人傅月庵為什麼願意從圖書上游轉戰下游，戴莉珍笑著說，這她也不是很清楚，不過根據她個人的觀察：「他是一條蠹魚，茉莉有千奇百怪的書可以讓他看。」

在茉莉二手書店堅強的團隊組合裡，戴莉珍還有一點很幸運，就是後繼有人，長子蔡維元目前擔任公司的資訊總監。

當許多年事漸高的舊書業者面臨後繼無人的窘境時，為什麼七年級的蔡維元願意接手踏入這個經營不易的行業呢？大學時就讀資訊工程的蔡維元表示，一方面是後來發現自己對經營比較有興趣，但更重要的是他很認同茉莉落實環保、公益、閱讀的理念，因此希望能夠幫父母的忙。

「我覺得一本書不只是一本書或文字，更重要的是閱讀這本書的人對它

◀茉莉總是有闔家拜訪的讀者（台中店）。

▶全省的茉莉書店都有設置愛心書櫃。

產生的情感、想法或幫助。不管它是工具書還是文學書，當一個人閱讀過這本書之後，一定會產生感情，所以當他因為家裡空間的限制，必須把書清出來的時候，茉莉是一個很好的平台，可以幫這些書找到需要它的人。」

為了日後能夠獨當一面、接管經營，二○一○年加入茉莉團隊的蔡維元務實地從基層做起，第一年在台大店實習，了解櫃檯、收書、上書等作業，之後有一段時間在台中協助茉莉跨出台北的第一家店開拓市場，並導入資料庫系統。

在傳統的二手書店，如果讀者要找一本書，可能連老闆也不一定清楚是否有書，必須要到架上慢慢瀏覽尋找。但是，來到茉莉二手書店，他們卻可以很有效率地透過電腦系統告訴你茉莉的哪一家分店有書，也可以從不同的分店調書給讀者。這對於許多個人經營的舊書店而言，是望塵莫及的配套設施。

「目前還有兩、三成的書沒有 ISBN，所以我們從建置到建檔都花了很多時間，主要是希望縮短讀者的等待時間，增進服務的力量。」蔡維元說。

從戴莉珍、蔡維元母子的談話之間，感覺得出茉莉二手書店是一家不斷求新求變、提升服務品質的公司，去年他們又招攬了專業經理人郭士瑜來擔任執行總監。

「我們覺得十年是一個關卡，六家店可能也是一個關卡，若要再擴張，就需要更專業的人負責營運管理的部分。」蔡維元說明聘請執行總監的原因。

對於茉莉二手書店未來的走向，蔡維元表示會將重心放在宣傳環保、公益的概念，也許書店只是一個起頭，還可以延伸到其他的二手商品。

「環保和公益的理念，也可以透過別的形式、別的展具延伸，那怕是電子產品、古物或家具，這才是一家企業永續經營的方法。」他說。

戴莉珍

屏東人，在台北 7-11 工作時認識家族從事舊書業的蔡謨利，
兩人結婚後，一起在光華商場經營書店，二〇〇二年開茉
莉二手書店台大店，逐漸轉型成連鎖經營，並以「環保、
公益、閱讀」的理念打響書店的名聲。

茶　話　本　事

Q：如果以一句話形容自己的書店，你會怎麼形容？

A：每一個家庭的書店。

Q：店名的由來是什麼？

A：取自第二代經營者蔡謨利、戴莉珍夫妻兩人名字中間字的諧音，希望以茉莉花的形象
　　為代表，將「環保、公益、閱讀」等理念努力落實在公司的每一個細節中，提供讀者
　　更好的環境，改變更多人對「二手」的傳統印象。

Q：最難忘的人事物是什麼？

A（蔡維元）：有一次到一對夫妻家裡去收書，那對夫妻很開心，好像遇見多年不見的老
　　朋友。我估價的時候有點驚訝，那些書都是套書，至少有十五年以上的歷史，但每一本
　　書都幾乎有九成新。那對夫妻告訴我，他們很愛書，就像是自己的孩子般寶貝，所以他
　　們的書從來不落地，每個月都會擦書。那對夫妻看著我們一綑一綑地打包書並搬上車，
　　搬到快結束的時候，那位太太的眼眶已經泛紅，無奈家裡空間不夠，必須清掉這些書。
　　後來，她實在看不下去，先上樓。他們要離開時，先生請我再等一下，他想跟書道別。
　　他對著那些書說：「希望你們可以到更好的家庭。」同時他也謝謝我給這些書一個平台，
　　那種感覺像是一個人將很重要的東西託付給你，讓我印象深刻。

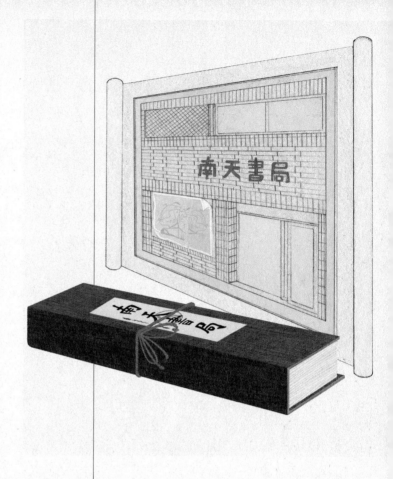

記錄台灣文史的書店

南天書局

空間本事

店　　主｜魏德文

創立時間｜1976 年

地址電話｜台北市羅斯福路三段 283 巷 14 弄 14 號

　　　　　02.2362.0190

營業時間｜週一～週五（第一、三週的週六）8:30~18:00

　　　　　（週六、週日公休）

營業項目｜台灣研究相關書籍

特別服務｜出版

「有沒有日治時代原住民的老照片？」「跟南天調調看！」我在《經典雜誌》當撰述的時候，每隔一段時間就會聽到有同事要跟南天書局調圖片。一張老照片，瞬間捕捉住歷史的一刻；一張古地圖，精心刻劃出昔日世界的模樣，隱藏在台電大樓對面巷弄裡的南天書局兼出版社，無疑是台灣研究的代表，近四十年來堅持只出版有深度的書，總經理魏德文更因此榮獲金鼎獎終身成就獎。

「我們所謂的書，講的是學術的價值。我們提供的是有知識性的書，不是一般生活性的書。」穿越陳列著一櫃櫃各家出版社關於台灣研究書籍的門市，走進總經理辦公室，滿頭銀髮、清瘦斯文的魏德文說，他對於書的認知，來自於學生時代在美國亞洲協會台灣分支機構打工的經驗。

回顧當年的時空背景，國共分裂後，歐美吹起一股中國研究風，當時中國大陸的文革正如火如荼地進行，台灣成為中國的小縮影，活躍在國際交流的舞台上，想了解中國的學者只能透過台灣的文獻、史料研究。台北醫學院藥學系畢業的魏德文因為打工的緣故，接觸到西方學者對於文史書的重視，了解到區域研究的必要性，再加上客家人晴耕雨讀的觀念，讓出身清寒的他深深感受到讀書是唯一可以改變一個人的方式。經過一番深思熟慮後，一九七六年，魏德文毅然決然離開醫藥界，成立了南天書局，專門出版台灣研究相關書籍。

台灣位於亞洲南方，南天二字意味著台灣是南方的一片天。在國民政府的執政下，當時的台灣屬於大中華主義，本土研究並不受重視。然而從理科一頭埋入文史世界的魏德文，除了出版主流的文化書籍，同時也將焦點鎖定在台灣這塊土地。他認為若要認識文化、認識歷史，應該先從認識自己開始，再慢慢延伸到周邊相關的文化。

「例如台灣的移民史，『漢人』指的是所謂的中原文化，但鄰近身邊的原住民，他們也同樣在這個島上。我們還可以繼續延伸，例如清朝統治過台

灣，日本統治過台灣，再遠一點，荷、西也統治過台灣。在漢文資料缺乏的狀況下，可以藉助他們統治過程中對於台灣的紀錄，更了解自己，再慢慢將人家的紀錄轉換成自己的，以自己的精神、傳承和文化，從周邊慢慢衍生出更好的紀錄。」魏德文解釋道，歷史的紀錄中，除了正史之外，庶民的歷史也很重要，事實上庶民的歷史更普遍，因為菁英只是少數的統治者，這是認知的問題。

「左圖右史」的重要

以昔日漢人與原住民的關係為例，魏德文指出，從荷、西時期荷蘭人記錄的台灣歷史可以發現，他們記錄的其實是原住民歷史。原住民比漢人更早居住在台灣這塊土地，卻被漢人稱為「蕃仔」，認為他們不文明，這都是因為我們不曾了解、研究過他們的思維。

「以藝術來說，原住民的服飾也好、雕塑也好，他們的創意不會比漢人差，只是我們有沒有真正地去正視，而不是以自己設定的立場來看待。」畢生奉獻給文史出版的魏德文說，南天書局的精神在於求實求真，是非對錯是另一回事。

此外，在重現歷史的過程中，魏德文感到比較實質的是，歷史的紀錄除了文字，還有影像和地圖。

台灣研究的範圍很廣泛，從早年重製重要的中華文史經典書籍，以及翻譯西方圖文書，到現在出版史地、藝術、社會、宗教、原住民、植物、醫藥學、語文、法律等任何與台灣文化相關的學術性書籍，擅長出版圖文書的魏德文將「左圖右史」解釋為「左邊看圖，右邊看文字」，並說明圖文並茂的重要性。

「有些東西再怎麼描述，若少了實體，還是在幻想之中。有了圖的話，就變得非常寫實，但細微的部分還是要靠文字去描寫，兩者是相輔相成的。」

熱衷研究的魏德文表示，地圖雖然看起來是平的，其實它非常寫實，在行家眼中是立體的，因為它很具體地標示出高度、空間和時間，亦即何時拍攝或繪製，這個部分能夠相互輝映歷史紀錄。

文化是文創的根源

歷史是綿延不斷的傳承，魏德文再三強調南天書局只出版求實求真的學術性書籍，帶領大家「航向知識海」。不過在浩瀚的知識海裡，南天書局也必須不斷地自我充實、學習，才能做出一本專精的學術書。

「我在經營過程中接觸到的學者及知識，還有我跟作者、出版之間的磨合，讓我覺得我一輩子在念書。」時時刻刻都在學習的魏德文說，出版業是密集的手工業，從寫稿、編輯、排版、校稿、定稿、印製到裝訂，每一個過程都很花工夫，也經常發生你以為每個程序都正確、結果印出來還是出錯的事件，例如頁碼錯了。

「文化是不可或缺的知識，它無法用報酬去祈求。也許你印了一百本書，就算全部賣完也不一定能平衡，因為有成本、人事費用和稅金。」魏德文說，去年有位法國人出了一本書，他帶對方去印刷廠看，整個廠房都在印他的書，

◀台灣研究相關書籍找南天就對了。

▶重達二十公斤的《日治時期臺灣都市發展地圖集》是魏老闆印象深刻的出版品之一。

四色機一個小時可以印一萬兩千張，龐大的過程，最後大家分到的是幾百元。

「可能是我自己在做書的關係，我覺得一本書五百元、一千元實在是太便宜了，可以買到那麼多知識。」多年來一直對於學術書熱誠不減的魏德文笑著說，只要他能力所及，一定全力以赴地去製作一本書，也許在當下對他的實質回報不多，但將來卻可能影響更多的人。

「文化可以影響到各行各業，例如現在大家都在提倡文創，但你必須知道文化的內涵是什麼、元素是什麼，才能夠去創作。」魏德文以織布為例，機器可以買，紡織的原料可以買，但是怎樣把模樣織進去，其中就包含了文化的元素。有了文化的內涵才有故事，可以去創造更新的文化。

「如果你製作一本非常好的書，別人做不到，你把它做了出來，雖然出書後沒有人買，可是一百年後更重要！」這就是魏德文的堅持，他語帶堅定地說，人的一生很短暫，重要的是在短暫的一生做了什麼。

魏德文

新竹人，台北醫學院藥學系畢，學生時代因曾在美國亞洲
協會的台灣分支機構，接觸了文史書籍，從西方學者的
身上對書有了不同的認知，決定以台灣研究為志業，於
一九七六年創立南天書局，出版了許多得獎的書籍，並於
二〇〇四年榮獲金鼎獎終身成就獎。

茶　話　本　事

Q：最難忘的人事物是什麼？

A：我在編書的時候，認識一位日本女孩，她在東京農大研究植物人類學，利用寒、暑假
到台灣來，去高雄布農族做調查，跟原住民一起生活。為了上山方便，她每天穿牛仔
褲，但布農族的太太覺得她很可憐，每天都穿同一件褲子，竟拿錢要她去買衣服。每
次調查完，布農族的老伯伯都會陪她下山，送她去高雄搭火車，因為擔心她會被漢人
騙。類似這樣的小故事很多，但這樣的事沒有人會關心，因為沒有產值。

Q：對於網路、電子書有什麼看法？

A：擔心數位犯罪。以前老師指定的教科書，可能學生合買一本去影印，現在更厲害了，
學生拿手機拍一拍，大家都有，而且認為是應該的，造成社會沒有秩序。

Q：如果以一個字形容自己的書店，你會用什麼字？

A：質。

水準書局

最愛聊天的書店

空間本事

店主｜曾大福
創立時間｜1972 年
地址電話｜台北市浦城街 1 號
　　　　　02.2364.5726
營業時間｜12：30 ～ 23：00
營業項目｜新書、出版
特別服務｜無

黃色的招牌寫著「全國最便宜的書店」，緊守荷包的愛書人都知道，位於師大商圈裡的水準書局可以買到低於七折的新書。來過的人都知道，此店有三大特色：老闆曾大福很喜歡「熱情推薦」、買書折扣看老闆心情、結帳時老闆會在書上蓋上一個「水準書局」印章。如果你用心觀察，會發現水準書局的故事就反映在這些特色裡。

「之前來了三位香港女孩，我推薦她們看《追風箏的孩子》、《蘇菲的抉擇》、《燦爛千陽》。這些都是好書，她們在電影圖書館工作，需要讀有張力的書。」穿著樸實、滿頭灰髮的曾大福，頭頭是道地解釋他為什麼要推薦這些書。

的確，這些都是有深度的暢銷小說，曾大福對於自己推薦的書總是很有自信地誇海口說：「你看了覺得不好看的話，我送你歐洲來回機票！」

這些書還有一個共通點——都是讀書共和國出版的書，而曾大福正是共和國的發行人。

從光華商場的書攤起家，經營書店四十二年、投資出版三十多年的曾大福表示，當年他是因為做房地產賺了一些錢，才會投資出版社，希望能夠印一些好書來回饋國家、回饋社會。

出身貧困的他，小學當過報童，十年的送報生涯讓他看了很多報紙，從中發現閱讀的力量。後來他就讀醫學院，經常掏空口袋去買教科書，那時他就覺得，既然書是文化的基礎，就應該要讓所有人都買得起。入伍之後，曾大福當過幾年軍醫，最後決定回到他最愛的書堆裡。

「開書店多好，可以大量閱讀，幫助別人也幫助自己。」樂在其中的他說。

隨著網路書店的崛起，在激烈的折扣戰當中，水準書局是少數能夠抗衡的實體書店。曾大福表示，水準書局進的書，一般成本會落在六五折，並以利潤微薄的七折銷售，如果大量購買，他甚至可能照成本販售，算是鼓勵大

眾閱讀。

「其實我是抓長補短，如果客人買共和國的書，我就可以從那邊賺錢來補其他地方的虧損。利潤雖然微薄，但這是善的循環。」曾大福認為，書不應該是奢侈品，應該要人人都讀得起。

折扣隨性看「奇蒙子」

不過江湖盛傳，水準書局的折扣因人而異，美女上門的優惠比較好。對此，國台語交錯的曾大福笑著回答，猶如每個人吃鹹吃甜吃酸吃辣不一定，折扣當然要視狀況而定。

他舉例說，先前來的三位香港女孩很愛看書，到了晚上十一點打烊時間，她們仍然意猶未盡，一再央求老闆讓她們多看一會兒，結果竟看到凌晨一點。「她們來台北一趟很不容易，而且一口氣買了三十幾本書，既然她們喜歡讀書，我當然配合。」曾大福說，她們來自遠方、又愛看書，當然要給一些優惠，就像如果是醫護人員來買書，他也會半買半相送，用感恩的心來回饋他們。

六十五歲的曾大福是台灣書店界出名的「怪咖」老闆，真性情的他話匣子一開可以與客人說南道北，不過嚴厲起來也是毫不客氣。

曾經有一位憂鬱的女客人對老闆傾訴她為情所傷、自殺 N 次之苦，不料曾大福非但沒有安慰她，反而毫不留情地訓了她一頓。「我對她說，妳就是太好命，不懂得感恩惜福，才會有這種觀念。妳這種行為是幼稚、膚淺、可憐，妳對不起太多人，對不起父母養育之恩，也對不起乙武洋匡，人家沒手沒腳依然活得精彩，而妳有手有腳有青春又有健康，卻自我摧毀。」

曾大福正義凜然地告訴那位小姐要冷靜下來，好好思考，其實她的愛人很多，看到一本感動的書，那本書就是愛人；聽到一首好聽的音樂，那位歌手就是愛人。

滿口哲理的曾大福認為，人遭受挫折並不可怕，可怕的是沒有及時療癒。奇妙的是，自己開書店的他，精神療癒站竟然是誠品敦南店！「誠品敦南店是我美麗的殿堂，我愛死它了。每當我被人倒債、騙錢、不快樂的時候，我就會馬上跑去誠品。到了那裡，就會覺得在台灣真幸福，有這麼美麗的書店，那種感動帶給我寬恕的力量，讓我能夠原諒別人。」曾大福謙虛地說，自己就是沒有相同的能力，不然也想開一家像誠品一樣的二十四小時書店。

知識花園的園丁

位於鬧中取靜的巷弄之間，裝潢簡單、四處可見紙箱、店內堆滿書籍的水準書局，與時尚的誠品是截然不同類型和定位的書店，許多學生喜歡來水準尋寶，因為可以節省荷包。曾大福驕傲地表示，早期在光華商場的時候，書攤沒有名稱，當時就有客人對他說：「老闆，你做人真有水準，賣的書又好又便宜。」後來他決定以「水準」為名，一方面也是因為閱讀能夠提升人的知識水平、生活品質。

不過，也有不少潔癖型書蟲不解，為什麼這家自稱有水準的書局，賣書一定要蓋上一個有礙頁面美觀的醜店章？曾大福解釋，店章是一種記號，證

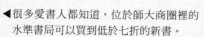
◀很多愛書人都知道，位於師大商圈裡的水準書局可以買到低於七折的新書。

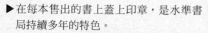
▶在每本售出的書上蓋上印章，是水準書局持續多年的特色。

明那本書確實由該店售出。「為什麼要蓋章？因為我介紹你看的書，你如果覺得不好看，可以在一個月內退還給我。但我曾發現，有人竟拿在別處買的書來我這裡退。」

曾大福表示，只要是他賣出去的書，就不怕客人拿回來退，因為他對自己的推薦很有信心。

身兼出版社的發行人，他自稱是知識花園的園丁，並以此為傲。「我在種一種花朵，是全世界最美麗的花朵，它叫做知識的花朵，永遠芬芳，在每一個人的心中生長。」

曾大福

從光華商場的書攤起家，經營書店四十載，並身兼讀書共
和國的發行人，出生貧困的他自幼愛書成痴，認為書是文
化的精華，立志提供愛書人最便宜的書。

茶　話　本　事

Q：推薦出國留學的學子必帶哪三本書？

A：《唐詩三百首》、《宋詞三百首》、《古文觀止》。書能改變一個人的能量，每天讀《唐
　　詩三百首》，久了也能變詩人，學習是靠不斷地努力。

Q：最喜歡哪一本書？

A：國語日報的《古今文選》，這是一套將歷代好文章都編集在一起的書。

Q：如果以一個詞代表自己的書店，你會用什麼詞？

A：佛堂。開書店和開佛堂一樣，是在養天地正氣、養志養心。書店是一個國家的文化
　　濃縮，不能入寶山卻空手而歸。

Q：對網路有什麼看法？

A：最怕的科技產物其實是手機，因為人手一台的手機改變了現代人的閱讀習慣。

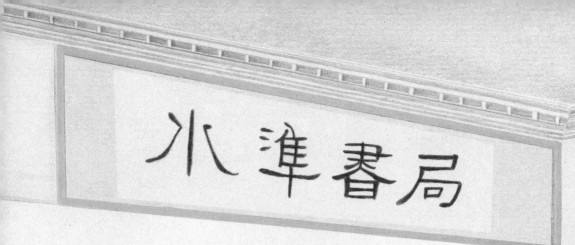

Section 2

在一日又一日的閱讀時光中，理想堆積成形

全球最美麗的閱讀空間

好樣本事

空間本事

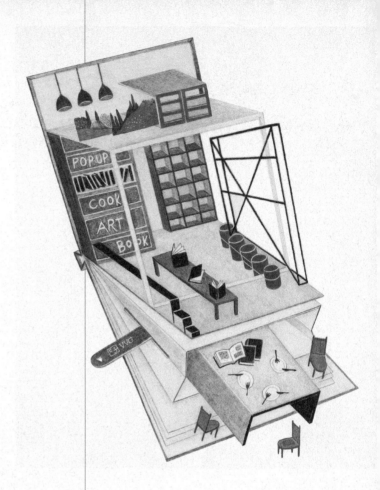

店　　主｜Grace（汪麗琴）

創立時間｜2009 年

地址電話｜VVG Something 好樣本事

台北市忠孝東路四段 181 巷 40 弄 13 號

02.2773.1358

VVG Thinking 好樣思維

華山 1914 文化創意園區紅磚六合院 /

W3 棟館 紅磚 C（杭州北路・北平東路口）

02.2322.5573

營業時間｜好樣本事 週日～週四 12：00 ～ 21：00

　　　　　週五～週六 12：00 ～ 23：00

好樣思維 每日 12：00 ～ 21：00

營業項目｜設計藝術、生活風格、食譜類書籍，

以及設計小物、生活雜貨

特別服務｜飲料茶點、工作坊、市集、藝文活動

穿梭在以忠孝東路為主軸的台北東區，鑽入巷弄裡，形形色色的個性商店是尋找禮品的小天堂。二〇一二年，美國娛樂網站 Flavorwire.com 在這裡發掘了好樣本事，譽為「全球最美的二十家書店」之一。

踏上小階梯，穿越種植綠色盆栽的小庭園，走入好樣本事，設計感十足的圖文書與可愛的小雜貨，在十三坪的小空間裡爭豔。走到盡頭還有一個小小的吧檯，可以坐下來喝杯咖啡，翻閱書籍。地方雖然不大，卻很舒適，充滿中古世紀的氛圍。

提及獲選為最美麗的書店這件事，對於自己的品味信心十足的好樣集團執行長 Grace 聳聳肩，不以為意地說：「這家店有什麼設計嗎？當然一定是我喜歡才會這樣裝潢，但是沒有特別風格，如果你喜歡它就是美。」

而在一旁的店員們則笑稱：「這是 Grace 無法定義的個人風格。」

的確，女主人的品味，反映在店裡的每一個角落。瀏覽書架，大部分的書籍是關於設計、藝術、生活居家或飲食的精美圖文書，櫃子上還有許多充滿趣味的設計小物及生活雜貨，這些都是 Grace 從世界各國蒐集回來的戰利品。

「每次出國我都會去逛書店，店裡的每本書都是自己發掘的。」Grace 指著擺在吧檯前的幾本小書說：「像這幾本書是我從新加坡的 Books Actually 找到的，有一次旅途中我無意間發現這家美麗的書店，他們也做出版，像是一些小小說或散文、詩詞之類的口袋書，我很喜歡，就跟他們進書。」

喜歡旅遊的 Grace 表示，她出國的時候會盡量去找一些特別的書，例如呈現 3D 狀態的立體書。「我覺得立體書是最藝術化的書本呈現，如果你喜歡建築或設計，應該多看立體書，無論是在視覺上，或是對於書本的結構，能夠將圖文立體化真的很厲害。」

重視美學的 Grace 選書條件猶如選美般嚴謹，必須表裡兼具才有可能獲選，她提出選書的四大要素：「首先，書的題材、內容要特別；第二，書本

身要有設計感；第三，要有好的裝幀；第四，紙質很重要，因為紙質可以顯示質感。」

而這些堅持，一方面凸顯了女主人的品味，一方面是她應對來勢洶洶的網路書店的戰略。

小書店之生存之道──做出個人品味

「文學書在網路書店買就可以，所以我選的書以圖文書為主，因為這類的書在網路很難看出所以然來，必須自己來找。」在商場翻滾多年的 Grace 胸有成竹地說，開獨立書店不能將網路書店或大書店當成假想敵來競爭，而是要做出個人特色。「你一定要有自己的中心思想，和你相輝映的客人自然會前來交流。其實無論去大書店還是小書店，找的都是那一、兩本書，如何讓客人在尋寶的過程中有所感動，個人特色很重要。」

實體書店是人與書交流的空間，善於行銷的 Grace 透露，書店老闆的個人特色除了反映在選書，也可以透過各種藝文活動來傳達。

「既然是小書店，就必須要有許多人文活動才會有趣。」Grace 喜歡嘗試新鮮事，成立書店以後，她開始與許多藝術家、設計師連結辦活動，經年累月也辦了六、七十場不同類型的活動。「每次接觸不同的人就會有不同的故事發生，每一次都有不同的感動。我覺得很開心的是，我形成一種風氣，無論是閱讀，還是生活上有趣的事情，都是可以被執行、欣賞、發現、關注的。」

Grace 的活動不拘泥於形式，也許是市集、工作坊或展覽等，共同的特色在於與生活美學的連結。今年一月，在好樣集團旗下的第二家書店好樣思維，她就舉辦了一場令人印象深刻的味噌工作坊，邀請東京百年老店井上糀店的碇哲也親自示範。認真的味噌達人從東京自備黃豆、麴、鹽等所有材料，但最令 Grace 感動的是碇哲也在課堂上對大家說的一段話：「雖然食譜上有一

定的比例，可是因為每個人的手法不一，揉、壓方式也都不同，而且黃豆多了一點或少了一點做出來的感覺也會不同，所以不要拘泥於型態，就去做屬於你自己的味噌，四個月後，你就可以得到與你屬性相同的味噌。」

這番話聽在 Grace 耳裡猶如人生哲理，我們的一生當中會遇到許多事情，也許多一點、少一點，但走的路就會不一樣，所以很有趣。「在很多課程裡，你學到的也許是技術，也許是生活態度，也許是文化，也許是無價的東西。」她說。

勇於嘗試，樂在生活

代表日本的國民食物味噌是美食亦是文化，在一樓是餐廳、二樓書店裡陳列著許多原文食譜書的好樣思維推廣，相得益彰。但是在二〇〇九年，當全球景氣低迷時，好樣集團從餐飲業跨界開書店卻是一大冒險。

「那時剛好是金融海嘯，我看著很多店紛紛關門，覺得很沮喪，於是想要做一點好玩的事來刺激景氣。」Grace 笑著說，自己很愛看書，才想要經營書店，當初其實也遭到股東反對，因為開書店很難賺錢，甚至可能虧損慘烈。「我心裡有點小堅持，我覺得開書店是件很好的事，我不希望網路書店的發

「好樣思維」架設了一對「思想之翼」，這是向達文西致敬之作，象徵人雖然無法在天空飛翔，但思維可以帶你到世界上任何角落。翅膀每小時會拍動十五分鐘，為空間帶來「閱讀、思考的聲音」。

展導致民眾逛書店買書、看書的行為消失,畢竟買書這個行為,要與書有最直接的接觸才有趣。」

頂著好樣集團執行長的頭銜,也許在商場上,她是一位幹練的女強人,但她也是一位勇於跟著感覺探險的女人,所以她可以跨越餐飲和書店的領域,以她最擅長的生活美學將兩者連結在一起。「餐飲和閱讀都是生活的一部分,只要有好的品質和美學,就可以發展得很有意思,這是我們一直在做的事情。」她指出,目前好樣集團底下有包括餐廳、外燴、公寓出租、書店等不同形式的十家分店,但每家店都是風格迥異的創意。

和 Grace 交談,不難發現她是一位樂在生活的人,任何話題到最後都環扣在「生活」二字,包括她現階段最喜歡的作者松浦彌太郎。

「有些人的書會對你影響很深,不同年紀對於不同作者會有不同的感動,像我現在覺得松浦彌太郎很厲害,因為他的書淺顯易懂,道理卻很深遠。如果你注重生活品味,或者有點迷失,找不到生活重點時,看了他的書,你會反觀自己,再重新出發。」Grace 表示,她喜歡可以與生活連結的書,因為人就是生活在生活當中。人生道理其實很簡單,只是我們常常會忘記,而這些書就是在提醒大家這些簡單的道理,以及如何過生活。

如果你重視生活的品質和美學,走進好樣本事,可以愜意地翻翻書,隨興地瀏覽令人會心一笑的童趣小雜貨,像是上了發條會騰空翻跳的小狗,有時也許會飄來一陣咖啡香,但是沒有人會打擾你,因為這就是 Grace 理想的書店。

Grace（汪麗琴）
好樣集團執行長，從家飾業轉行到餐飲業，並跨行開書店
和旅館，以活潑、創新的方式經營好樣集團，目前旗下有
十間風格迥異的店鋪，包括兩家以海外圖文書為主的書店，
看似不相干的領域，卻相得益彰地環扣在生活品味上。

茶　話　本　事

Q：店名的由來是什麼？

A：有一天我去看張艾嘉導演的舞台劇《上班族之生存之道》，傳單簡介上的「本事」兩字，
　　突然讓我想到小時候看電影，入口一定會擺個木頭做的架子，上面放著介紹電影內容
　　的小單子，單子上印著「本事」兩字。我從小學就喜歡看電影，小時候我會去收集那
　　一張張的本事。那天去看那場舞台劇時，小時候的回憶都想起來了。
　　我覺得「本事」這兩個字很有趣，日語的「本」就是書本，開書店本來就是書本的事，
　　而本事又代表電影的內容與情節，在書店裡可以發生很多很多故事。另一層意義是，
　　本事代表你有能力，你有本事才能開這家店。

Q：最喜歡哪一本書？

A：日本設計師原研哉的《請偷走海報！+3 ──原研哉的設計隨筆集》，原研哉對日本現代
　　設計的影響很深，無論是平面設計或產品設計都非常厲害，他也是無印良品的藝術總
　　監。這本書是他唯一一本散文式的書籍，記錄他的人生觀。我喜歡他在寫書時，將他
　　對於設計的想法和理念寫進去。

二〇一二年，好樣本事被美
國娛樂網站 Flavorwire.com 譽
為「全球最美的二十家書店」
之一。

有河 book

玻璃詩與河堤對話的風景書店

空間本事

店　　主｜686（詹正德）

創立時間｜2006 年

地址電話｜新北市淡水區中正路 5 巷 26 號 2 樓

　　　　　02.2625.2459

營業時間｜12：00 ～ 22：00（週一公休）

營業項目｜文、史、哲新書，特別是詩集

特別服務｜飲料、藝文活動

為了要去和一本書相遇

沿著河岸線
沿著海平面的夾角
沿著生活為自己開啟的縫隙
與蒼鷺目光的弧度
向上尋覓
　　　　　── 蔡宛璇〈有河蒼露〉

　　向上尋覓。位於二樓的藍色書店，呼應著淡水河的顏色，從寫著詩的玻璃門窗眺望河堤，文字疊在河景上，猶如跳躍在五線譜上的音符，什麼樣的旋律任憑自己想像。在櫃檯旁邊的一個角落，女主人隱匿在電腦前埋首打字，慵懶的流浪貓愜意地在桌上呼呼大睡。

　　有景、有詩、有貓、有陽台，平日的午後當客人不多時，有河 book 宛若一位充滿文藝氣息的少女，靜靜地坐在淡水河畔閱讀。尤其在陰雨天，朦朧的薄霧，彷彿為它抹上一層略帶憂鬱的情懷。

　　有河 book，有何不可，這家風格獨特的書店，有時也像是一位有點叛逆、有點倔強的文青，偏要開在有點距離感的二樓，掛在店裡的反核旗幟象徵著它對社會運動的關切。尤其到了週末假日，不願譁眾取寵迎合觀光客的小書店總是有辦法以自己的理念打動認同他們的讀者，辦起活動更是有聲有色，塞爆的觀眾席往往擠到樓梯間。

　　招牌寫著「二樓書店，有何不可」的標語，網路暱稱 686 的老闆詹正德望著窗外的觀音山與淡水河說，書店會開在這裡有幾個原因，大台北地區的南區有公館、西區有重慶南路、東區有誠品、北區卻沒有什麼書店，淡水的交通又方便，然而最主要的還是眼前這個無敵海景，而且二樓的房租比一樓店面便宜許多。

「台灣的書店大部分都是在一樓，不然就是開在巷子裡，很少有二樓書店，但是這個山跟水我要上哪裡去找？」686表示，當初他們在淡水河邊找到這家小小的二樓店面時非常高興，覺得這房子簡直就是在等待他們來租。

這幾年台灣似乎吹著一股文化產業風，儘管大家都說大環境不好，還是有許多充滿理想的小書店陸續散播在台灣的每一個角落。但若跟著時間之河倒流回到八年前，那個時侯大家對於「獨立書店」這個名詞都還很陌生，開在風景區、附設幾張咖啡座的有河book算是特色書店的先驅。

「我們給這家書店一個概念：風景書店，用我們的理念來吸引大家。」686解釋道，外面的自然風景及店內的人文風景只是「風景書店」最表層的意義，其實它的含意很深，包含你看出去的一切，也就是你的視野有多廣、看得就有多深。

我來訪的那一天飄著紛紛細雨，山河天際被一層薄霧連成一片灰藍，這種淡淡憂愁的詩意跟晴空萬里的粼光波影有截然不同的美感。關注地方生態發展的686略感傷地說，一年多前的淡水更美，店外的草坪是後來人工填出來的，原本的河岸就在門口路燈的位置，從窗外看出去，有停泊的漁船、覓食的夜鷺，而今這些記憶徒留在妻子隱匿彩繪在櫃台後方的那面牆上。

「為什麼我們會特別注重風景、思考風景的意義是什麼？為什麼會那麼在意河被填成一片草坪？」延續風景書店的含意，686繼續說，不知道從前的淡水是什麼樣的人，來到這裡或許會覺得有草坪很好，可以在上面嬉戲、野餐，眼前的現狀就是他們已經接受的風景，但是如果你經歷過前後的轉變，就會知道它為什麼不對，人工景觀破壞了原本河岸底下的生態，改變了淡水自然的風貌。「如果你注重眼前一些習以為常的風景，有一天有人要去改變它的時候，你就會去思考那個東西如果被破壞掉是應當還是不應當。」

坐在書店裡，我們兩人透過同一扇玻璃窗向外看著同一個景觀，但是我們所觀看的角度、感受的氛圍卻不盡然相同，「風景書店」四個字，看似理所當然，其實它是透過淡水的風貌轉變在呼籲讀者去思維各種社會議題。而

將窗外的風景與書店的人文風景串連起來的是那一扇寫著詩的玻璃窗。

　　以淡水河為背景的玻璃詩，起初是女主人隱匿的舞台，後來漸漸成為有河 book 的號召，大約每半個月會換一次，事先安排詩人來寫詩或辦活動，每過一段期間集夠了詩之後，就會集結成詩集出版，目前已經出了兩本，而自二〇〇〇年起開始寫詩的隱匿也出了三本個人詩集。

　　「我們自己寫的書、自己出版、自己賣，包括編輯，隱匿是學美術的，都可以自己處理，不假他人之手。」686 表示，詩集的讀者雖然是小眾，但愛詩的人比較熱血，只要有出新書就會想看。「我們的書店雖小，但詩集的齊全程度在台灣排前三名應該不是問題。」

　　隱匿愛詩沒有理由，就像 686 喜歡寫影評，當初他們會離開原本的工作領域，義無反顧地開書店，就是因為夫妻兩人對閱讀與寫作的共同喜愛。

　　「開書店很適合我們。一來，我們從小愛看書，二來，開書店對我們來說有一種美好的想像：我只要坐在櫃台裡看自己的書、做自己的事、寫自己的東西，客人來結帳就好了。」686 笑著說，當然書店開了以後，跟想像有一些差距，起初一直燒錢，錢燒光了跟家裡借，八年下來總算是比較穩定了，而他們也樂在其中，因為開書店對他們來說就是生活。

　　「如果將書店看成一個人，想了解我，就看我架上的書。」喜歡上網結交朋友的 686 說，獨立書店存在的意義，就是小眾、邊緣存在的意義，他希望來書店的朋友看到的是一間具有個人特色的店。

位於二樓的有河 book，坐擁觀音山與淡水河的無敵海景。

686（詹正德）

原為廣告人，入行十年後感嘆環境愈來愈差，年近四十時
重新思索要做什麼。妻子隱匿原為設計師，兩人都喜愛閱
讀寫作，一位寫影評、一位寫詩，因而從經營書店找到適
合兩人的共同答案，並出版詩集。

茶 話 本 事

Q：店名的由來是什麼？

A：書店前就是淡水河。

Q：鎮店之寶是什麼？

A：有河自己出的玻璃詩集。

Q：哪些書讓你印象深刻？

A：喜歡看哲學、歷史類的書，最近喜歡《朝鮮戰爭：你以為已經遺忘，其實從不曾了解
的一段歷史》，它完全推翻我們對現在整個東亞情勢的看法，台灣這種書實在太少了。
台灣人一般對韓戰的了解比較接近《最寒冷的冬天：韓戰真相解密》這本書，《朝鮮
戰爭》的作者布魯斯·康明思（Bruce Cummings）在看了《最寒冷的冬天》之後很生氣，
寫下《朝鮮戰爭》。台灣現在對北韓是嘲笑居多，可是看完了這本書，會重新思考為
什麼北韓會變成現在的樣子，對南韓、日本、美國、中國也會有較完整的理解。有太
多歷史是經過扭曲的，有時也要了解其他國家的看法，重新改變世界觀。

Q：哪些人事物讓你印象深刻？

A：當有一天心儀的作者突然出現在書店的時候。淡水有一位作家叫舞鶴，他都窩在住家寫書，三不五時會過來。他知道開書店很困難，就在這邊辦活動支持我們。

Q：開書店的樂趣在哪裡？

A：把它當成是一種生活。太多感激的事情，都超過買賣、做生意這件事。

Q：實體書店存在的意義是什麼？

A：人與人之間的連結。

Q：對於網路有什麼看法？

A：網路是人與人之間的另一種連結，時代在改變，實體的連結和網路的連結都需要，沒有一種會吃掉另一種。

686 寫影評，隱匿寫詩，我們在開店以前就已經寫了五、六年，在網路上也都有粉絲，網路吸引客群、引起一些迴響，很多事透過網路發生。網路上交的朋友，總有一天會來這裡。

686 從只有討論區的年代就已經跟人在網路上交朋友了，686 這個暱稱就是從那個時候一直用到現在。

Q：要不要聊聊有河的貓？

A：這些都是從屋頂跳進來的流浪貓。一樓太多野狗，貓敵不過狗，就跑到樓上。我們剛開店時，發現屋頂上有貓來來去去，就拿貓食放在陽台，久而久之，牠們聽到開門的聲音，知道是吃飯時間，就跑來了。

隱匿數過，從開店到現在來來去去一百零二隻貓，每一隻都照相編號取名字。不過有一些待沒多久就走、有些來了一陣子後離開、有些已經死了，目前常來的有二十幾隻左右。有一些不怕人的貓會進來睡覺。

此睡可口
比死運動人
因為在這裡的在霹來夫

千陽文夢
此上省門

堅持做自己的社區書店

小小書房

空間本事

店　　主｜劉虹風
創立時間｜2006 年
地址電話｜新北市永和區復興街 36 號
　　　　　02.2923.1925
營業時間｜11：30 ～ 22：30
營業項目｜文、史、哲、藝術新書
特別服務｜讀書會、才藝班、藝文活動、茶飲

走出捷運頂溪站，穿越捷運共構大樓底下的涵洞，轉入矮房緊密的復興街，小小書房的白色招牌醒目可見。也許是受到店名的影響，踏進玻璃門，我發覺一邊是書店、一邊是咖啡區的小小書房其實比我想像中的大，或者應該說，許多巷弄裡的獨立書店也差不多就是這樣的空間，甚至更小。

然而，回到二〇〇六年特色書店尚未風行的年代，和大型連鎖書店比起來，小小書房的確是一家很小的書店。「那一年開書店的只有我和有河book，當時很多人都認為我是個瘋子，才會選在這麼差的年代開店。」坐在流浪貓棲息的咖啡區裡，戴著頭巾的劉虹風自嘲地說，當時她的想法是，反正出版業景氣都已經差了十幾年，什麼時候開店都沒有差別。長年在文化界翻滾，她想做的是長線性的文化推廣，獨立書店不僅能夠提供閱讀多樣性，同時也是一個人事物相聚的平台，許多事情都可以在那裡發生。

店名叫小小，小小書房的心卻不小，充滿自信的店主很清楚自己開店的目的，從選書到辦活動，打從一開始就立定了明確的主題與方向。「所有小小現在發生的事情，都是當初規劃下來的，沒有改變過。」她說。

書店的故事，要從書說起。走入小小書房，你很快就會發現，這裡沒有教你如何瘦身的暢銷書，散發出的是一股濃濃的文學味。瀏覽書架，架上有各種關於文、史、哲、藝術方面的書，其中以文學的比例占得最高，海內外文學書加起來有六大櫃，女主人引以為傲地說，這應該是所有獨立書店裡最齊的文學書櫃。

「文學、哲學、寫作這些知識並不屬於任何學院，而是每一個人都能接觸，但必須要有一個平台。」曾在誠品書店工作的劉虹風認為，許多人是因為缺乏資訊而不知該看什麼書，但是全台灣關心的不應該只有如何瘦小腹，小小書房提供所謂暢銷書排行榜以外的選書。

「獨立書店帶來的知識花朵很豐富，我們拚死拚活地在捍衛閱讀多樣化，拒絕被單一。」劉虹風笑著說，她離開誠品時，第一件歡呼的事情就是再也

不用每年都賣《哈利波特》，不用去在意別的書店都有我卻沒有，可以憑著良心去挑選值得推薦給讀者的書。

在永和社區大學任教的劉虹風表示，她想到要建立一個知識的入口，讓讀者懂得如何穿越種種暢銷書的訊息或廣告去挑選書籍，不會因為大家都說哈利波特很重要就去看。因此，小小書房的咖啡區不是為了營造時下流行的複合式空間，而是為了舉辦讀書會而存在。

對書的愛情

小小書房的讀書會由劉虹風親自帶領的世界文學，以及學生帶領的華文文學，平行交錯進行，八年來每到週一晚上，熱愛文學的學員就會聚集在咖啡區裡，樂此不疲地討論一本書。劉虹風語帶驕傲地說，來參加讀書會的學員都很會問問題，共讀的樂趣在於別人的眼睛可以帶給你不同的風景，這比讀任何書評都還要好。「小小讀書會的準則是，只要你跟著讀書會一年，你就會產生一個能動而非被動的閱讀習慣，知道如何去挑選書籍。」

定位為社區書店，小小書房的課程除了最具代表性的讀書會，還有畫畫班、編採班等，並出版發行編採班學員的作品。「如何認識自己的土地，進而有連結感，最好的方式就是自己踏出去。整個歷程下來，你會發現你不再畏懼社區裡你很感興趣的事物。」劉虹風表示，參加編採班的學員不僅能學習到出版刊物的流程，也能藉由這個機會認識社區。當你對居住的地區產生一些記憶和探索的價值，才會對這塊土地產生情感。

不過，劉虹風也坦言，經營社區書店不容易，尤其是在人與土地缺乏連結的都會，很難營造一種社區感。然而，這些年來，她依然很努力地朝這個方向前進，因為改變個人就只是一個人，可是改變社區影響力就會大。

在永和耕耘了八年，小小書房最初是從推廣藝文的社群書店開始做起，

直到搬至現在離捷運站較近的店面之後，才真正開始與社區做連結辦展，例如去年小小書房和周邊社區合辦了十二場老照片攝影展。劉虹風表示，當書店累積了足夠的人脈與資源，就應該要分享出去，因為當這些照片在大大小小的地方巡迴展出，就會碰觸到許多居民，讓他們的生活裡不再只有電視八卦，並對自己的土地產生一些情感和共通的話題。

在這個外表看似平凡、寧靜的書店裡，蘊藏著一股不屈不撓的能量，八年來小小書房一直活躍地為閱讀多樣性及社區連結性努力，從不畏懼對抗大通路，是反折扣戰與推動圖書統一定價銷售的先驅。

「舉凡世界進步國家都有統一售價。台灣和英國一樣，進價沒有限制，售價也沒有限制，所以會被打得很慘。所有的書店都會告訴你，自從網路書店興起後，生意就很慘。」劉虹風直率地說，很多年前七九折是很掙扎的事，七五折是偶爾，現在卻連六六折也稀鬆平常，因為不做折扣，三大通路就不幫你推書。「我們的刊物也經常被誠品選書選上，但是他們會壓折扣，我們就不做。」

劉虹風表示，在環境不斷惡化的文化產業裡，他們一直在傳遞訊息給經

「因為對書的愛情，我們存在。」

銷商跟出版社，呼籲各產業改變、呼籲政府將書店視為文化政策來規劃。然而她也很明白出版業的複雜不是一天兩天能改變的，每個人都有自己的立場與無奈，從系統到人力，每個環節都是關卡。因此對外呼喚的同時，堅守原則的小小書房自身也一直盡其所能地為書本發聲，最新的成果是今年一月新發刊的《本本 / A Book》雙月刊。

《本本 / A Book》是一本與書和閱讀有關的雜誌，舉凡書店、書訊、推薦書等，內容包括文學、社會科學、詩集、紀錄片、本土音樂、戲劇等類型的書籍專欄，並邀請每個領域的專家來寫。「目前台灣沒有這樣的刊物，但是日本、美國、德國都有，我期望這是一種拋磚引玉。」劉虹風認為發行這樣的刊物理所當然，不可能每件事都要求損益兩平。

在出版業不景氣的大環境下，小書店的生存不易，這八年來小小書房也面臨過許多營運上的困難，然而劉虹風卻從來不妥協或改變經營方針，因為她對書本有一種很濃郁的情感，猶如書店的標語：「因為對書的愛情，我們存在。」愛書的人很多，但每個人愛書的方式不一樣，閱讀的經驗也不相同。寧靜的午後，笑稱自己前世是蠹蟲的劉虹風告訴我，人生有很多的快樂也許是來自外境，但是她曾經因為閱讀一本小說體驗到純粹的快樂。

那本書是舞鶴的《餘生》，故事是以一九三一年發生在霧社泰雅族馬赫坡社的「霧社事件」為背景，她無法分享那種純粹的快樂，因為那是一種很神祕也很自我的感覺，她的生命中也只有過這麼一次體驗。但是因為這樣的書，讓她非常肯定，原來真有一種快樂不假外求，唯有通過藝術創造，或在某種時刻才能獲得。

寧靜的午後，在書本與流浪貓陪伴的小小書房，劉虹風感性地說，她從不鼓勵任何人去追求這種感覺，畢竟那不是隨時都會發生的體驗，但她認為在人的生命當中，書是最不功利的知識泉源，她很確信自己對書是愛情而非熱情，因為熱情會散，而愛情卻是永恆。

劉虹風

政治大學俄語系、莫斯科大學俄語系文學組碩士畢。多年來在文化圈耕耘，曾任電視編劇、誠品網路書店行銷企劃主編、台北市國際書展基金會國際專員，並於永和社區大學擔任講師。喜歡做長線性的文化事業，為推廣閱讀多樣性而開書店。

茶　話　本　事

Q：店名的由來是什麼？

A：人生中第一次失眠是為了想店名，那時亂想了一堆，什麼鐵石堂、沒品書店、亮晶晶都出現了。想到很煩的時候，就想說，乾脆叫小書店、小小書店、小小書房。後來覺得這個名字很好，因為舉凡有什麼活動，都是照筆畫排列，小小會排在前面。

Q：哪本書對妳影響很大？

A：《齊瓦哥醫生》，高中時因為這本書接觸到俄國文學，對我來講是改變生命的契機。在世界文學裡，俄國文學是少數會特別去思考人與土地、社會與國家之間的關係，以及會去思考人的靈魂與存在的問題。念俄文系是我的第一志願。

每兩個月小小書房會辦一次深度書展，找各領域的專家來推薦，並製作為夾頁，置放於小小書房發行的刊物《本本 / A Book》裡面。此次的主題為：反貧困。

小朋友的故事屋

阿福的書店

空間本事

店　主｜蕭文福（1962～2014）、楊雪惠

創立時間｜2000 年

地址電話｜新北市蘆洲區中正路 233 號

　　　　　02.2847.2609

營業時間｜9：00～21：00（週日公休）

營業項目｜兒童繪本、各類新書

特別服務｜親子讀書會、繪本故事班、書法課等

　　　　　各種兒童學習活動

「福爸，我們永遠愛你！」這是蘆洲社區的大小朋友最想對阿福的書店創辦人蕭文福說的話。一群孩童圍繞在蕭文福身邊聽故事的畫面已成為歷史，再也沒有機會見到大家口中熱心助人的福爸，只能從福媽楊雪惠的敘述和掛在牆壁上的照片去感受他的精神。

二月中旬，福爸因心肌梗塞入院，沒想到從此一去不返。在書店櫃檯旁的一張小桌子前，樸實親切的福媽平靜地敘述當日的情景。那一陣子天氣寒冷，二月十一日早上，他們看報紙時，還在討論連續幾天有一百多人因急遽低溫導致心肌梗塞猝死的新聞，不料當晚就輪到福爸胸悶，就醫開刀後仍然回天乏術，於十六日上午宣告不治。

「我還能承受，因為我們討論過這個話題，小孩也都大了可以分憂，至少福爸沒有受太多苦。」福媽感恩地說，這段期間幸好有社區的媽媽們自發性地幫她顧店，讓阿福的書店可以正常營運。「她們跟我說，只要阿福的書店繼續開下去，她們就會繼續幫忙下去。」

阿福的書店是蕭文福一手打造的兒童閱讀天堂，店裡除了有許多童書繪本，還有馳名遠近的親子讀書會，許多家長會帶小朋友來這裡互相交流，過去福爸還會親自上陣當孩子王說故事。

「福爸最愛講《好想吃榴槤》，因為他自己很喜歡吃榴槤，那本書都快被他翻爛了，尤其是到了榴槤的盛產期，他還會問小朋友要不要吃吃看、聞聞看呀？」福媽笑著說，幸好沒有關於豬腳的繪本，因為福爸也很喜歡吃豬腳。帶著兩歲半的女兒來參加讀書會的李靜怡也說：「福爸很熱心，我們有什麼需要，他都會幫忙。去年聖誕節的時候，我們還請他扮成聖誕老公公，發糖果給小朋友。」憶起福爸，每個人都是嘴角微揚。

福媽表示，當初福爸會想開書店，就是為了能有一個舉辦讀書會的空間，他認為過去的孩子沒念書是因為沒錢，而現在的孩子卻是缺乏有人陪伴的閱讀環境。

給孩子一個閱讀的空間

出身嘉義一級貧戶的蕭文福,自五歲起就必須分擔家計工作,直到當兵時才開始識字。「一命、二運、三風水、四讀書、五積陰德。前三項你無法改變,但後兩項可以改變你的人生。」當時軍官的一句話帶給蕭文福許多啟示,讓他領悟到原來讀書可改變人生,因為有知識就能判斷是非、積陰行善、受人尊敬。於是退伍之後,蕭文福白天從事圖書業務,晚上讀書進修,並且在那個時候認識了楊雪惠。

楊雪惠面帶微笑地說,她會嫁給福爸,是因為她覺得福爸很有愛心。「那個時候他就經常捐書給學校,也幫忙做義賣,四處奔波不是為了自己,募來的錢,包括成本,都全數捐出去。」

結婚生子後,兩人夫唱婦隨,福爸去送貨時,福媽會幫他顧車。他們送的都是一般的通識書籍,直到老大上四年級的那一年,他們首次接觸到繪本,從此開啟了一扇嶄新的視窗。

當時有一位住在附近的媽媽委託蕭氏夫妻訂繪本,因為她會帶孩子到台北參加讀書會。而他們夫妻倆看到繪本後覺得很有趣,拿回家讀給兩個孩子聽,小朋友也都很喜歡,於是他們開始對讀書會產生興趣。當時蘆洲沒有讀書會,蕭文福想要自己辦,租借場地時卻四處碰壁,令他萌起開童書店的念頭。

不過經營書店不是一件容易的事,更別說是童書店,許多同行都勸福爸不要燒錢去做賠本生意。開一家童書店,從裝潢到進書,成本少說也要五百萬,可是存摺裡只有兩百多萬的蕭文福卻不惜向支持他的親友借錢,義無反顧地在素有文化沙漠之稱的蘆洲,為社區的孩子打造一個閱讀空間。

「我們希望孩子們能從幼兒時期就接觸到好的書籍、好的觀念,因為如果從小根沒扎好,到了國中、高中就會更困難。」關心孩童成長的福媽說。

延續福爸的夢想

　　走進書店，穿越一櫃櫃的書架，位於後方的讀書室，除了親子讀書會和繪本故事班，還有書法、數學、培訓故事媽媽等各種課程，幾乎天天都有活動。抬頭往上看，天花板上一幀幀色彩繽紛的圖畫，都是小朋友聽完繪本之後的傑作。走過十四個年頭，從永樂街搬到中正路，福爸說故事在社區打出了名聲，即使無法再見到他的身影，他的精神依然存在店裡，阿福的書店也在社區媽媽的支持下一如往昔地營業。

　　除了二月十一日事情發生的當晚，書店暫停營業之外，隔一天就有媽媽們自發性地來排班，幫忙開店、打掃、賣書，讓讀書會可以正常運作。

　　「他們跟我說：『妳去忙妳的，書店的事不用妳操心。』開書店最大的收穫就是交了很多朋友，大家就像一家人一樣。」一提到書店的朋友，福媽就感到很窩心。

　　不過這家看似人氣的書店，其實一路走得艱辛，小書店本來在進貨和成本上就不比大型書店高，而童書這一塊在蘆洲更是不好經營，畢竟一本圖文並茂的繪本價錢也不便宜，許多家長寧可去圖書館借。

　　「我們推廣閱讀，所以大部分的書都是七五折，利潤就是五趴。但是蘆

◀蕭文福展示店內小朋友手繪的天花板。

▶走進書店，景物依稀，一櫃櫃的書本仍在，卻再也無法見到福爸的身影。

洲不好推廣，家長買書的欲望不高。之前庫存最多的是英文繪本，擺了十幾年都賣不掉，後來將整櫃的書都捐給嘉義縣政府。」福媽淡淡地說，他們本來就累積了很多虧損，加上福爸又很喜歡捐書，看到哪裡有困難就去幫忙，從來不會想到家裡缺不缺錢，所以阿福的書店曾經有兩度差點熄燈。

「第一次是因為調度不靈，還好最後我妹妹借了我一筆錢。第二次是因為阿福生病了。」楊雪惠攤攤手說，剛開始開店的時候，福爸還在做業務，所以覺得書店即使不賺錢也有工作可以支撐。但是，後來他生病了無法工作，當時真的很煎熬，但最後還是在親友的支持下決定繼續經營下去。

而今，書店的客層雖然已經穩定，不過前債尚未還清，然而楊雪惠堅強地說：「只要收支能打平，我會繼續開下去。再怎麼樣，我們都不會放棄推廣閱讀。那些參加我們第一屆讀書會的孩子們，現在都已經上大學了，而我們還繼續在傳遞閱讀觀念給新手媽媽。」

蕭文福推廣兒童閱讀的理念，由遺孀楊雪惠繼續傳遞。不過，楊雪惠指出，福爸還有一個夢想，就是打造一家一千坪的城堡書店，收集世界各國的繪本。

「這個夢想只能留在心裡，不過我希望歷屆讀書會的孩子長大以後，若有機會到世界各地去遊學時，能夠幫我們帶一本當地的繪本回來，懂得當地語言的人也可以來說故事。我們把這些繪本擺在一個專櫃，當作福爸的城堡，這樣也算圓夢，延續他講故事、辦活動的理念。」福媽感性地說。

蕭文福（1962～2014）

嘉義人，出身清寒，身為長子為分擔家計而失學，嘗盡文盲之苦。當兵識字後，發現原來讀書可以改變人生，因此努力進修，並經常捐書給有需要的單位。在偶然的機緣接觸繪本，在蘆洲開起童書店，一生致力於推廣閱讀，希望能讓文化沙漠變綠洲。

楊雪惠

創辦人蕭文福的遺孀，多年來與他一起打拚經營阿福的書店，致力推廣兒童閱讀，今後也將延續丈夫的理念，繼續為社區的孩童散播知識的種子。

茶　話　本　事

Q：哪一本繪本讓妳印象深刻？

A：《卡夫卡變蟲記》，內容描述一位需要關心的小男孩，一早醒然發現自己變成一隻甲蟲，家裡卻沒有人發現。要多久的時間，你才會發現自己的小孩變成一隻蟲？這個故事告訴父母要多關心自己的小孩，不然有些小孩會覺得自己都沒人疼、沒有人了解，說不定他用剪刀剪了自己一撮頭髮，父母也看不出來。我喜歡講這個故事，因為有很多小孩需要關心，這個故事可以讓大人關心小孩，小孩關心朋友，每個人都關心別人有多好。

福爸扮聖誕老公公，說故事給小朋友聽。

神隱山中的舊書店

九份樂伯二手書店

空 間 本 事

店　　主｜樂伯
創立時間｜2006 年
地址電話｜新北市瑞芳區九份佛堂巷 31 號
 0958.571.502

營業時間｜11：00 ～ 17：00
　　　　　假日 9：00 ～ 18：00
營業項目｜文史哲、藝術方面的二手書、珍本
特別服務｜無

雨水綿綿的二月，穿過熙熙攘攘、小吃味四溢的九份老街一直走到盡頭，迎面是臨山望海的景觀，放眼看去，浪花波濤洶湧地拍打在岩石上。我縮在大衣裡發抖，暗自嘀咕著這裡真的會有書店嗎？沿著海景向左轉繼續走，穿越小廟堂、經過幾家孤單的店，終於發現隱藏在陡峻斜坡上的九份樂伯二手書店。

雖然開在風景區裡，樂伯的店就像他本人一樣，既樸實又隱密，不禁令人擔心是否會有顧客上門？溫和沉穩的樂伯不疾不徐地說：「書店的本質是書，隱密相對而言是安靜，適合慢慢挑書。我們的書以文、史、哲、藝術為主，能夠吸引外國客人。我常常看到他們買了書後就坐在外面曬太陽看書。」

根據樂伯的觀察，海外遊客的特色是會仔細去逛九份的每一個石階、巷弄，也會走到最尾巴來。如果好奇觀光客會買書嗎？在店裡待上一會兒就看到，果真會有逛著逛著就逛到這裡的觀光客，眼裡閃著意外發現寶庫的驚喜。

來自北京的大學生衡潔一進店裡就陷入史書的世界，最後買了一本《蔣介石思想》，理由是想了解台灣人如何看歷史。「我很喜歡逛台灣的書店，因為很多書大陸買不到。」她說。

樂伯表示像這樣的客人很多，開店八年來，外國客人包括中國、香港、馬來西亞、韓國、日本等占了近七成，因此樂伯會固定到旅居台灣的外國學者家收書，店裡約有三成的外文書。

樂伯的收書原則

經營二手書店，如何收書是一門攸關存活的藝術，酸甜苦辣盡在其中。而定位明確的樂伯，收書有幾個原則。首先，他不跟朋友收書。

「我收的書種類比較窄，在我這邊愈老舊的書跑得愈好，像是民國四、五十年那種老掉牙的文學。我很難跟朋友解釋，為什麼我收的書這麼少。而且

一些較新的書在都市裡反而好跑，還不如直接把他們轉介給同行。」他說。

　　基於相同的理由，樂伯一向親自到愛書人的家裡收書，從不讓對方送書過來。「每一本書都應該受到尊重，因為從作者、編輯、物流到店面，蘊含了很多人的心思。如果讓客人拿過來我們卻無法收，我要如何解釋，它其實不是不好的書，只是不適合我的店？如果親自到府收書，不適合的書我會幫愛書人打包好，請其他同行來收書。」

　　樂伯舉例，之前他去一位愛書人家收書，發現其中民國三、四十年代的理工教科書占九成，然而樂伯的店不收教科書，一般二手書店也不收超過五年的教科書，怎麼辦呢？後來樂伯幫他四處打電話詢問，找到一位同行願意將那些書當作古董收藏。愛書人很高興，因為那些書是他父親的，他不希望父親一生收藏的心血變成紙漿。

　　收書是一件辛苦的事，有些老式公寓沒有電梯，上上下下要分好幾趟搬運，即便如此，樂伯依然堅持不假他人之手。「這牽涉到愛書人的隱私問題，打開愛書人的書櫃，其實他前半輩子在做什麼都看得出來，所以我不讓別人走進愛書人家裡，即便有兩、三萬本書，我也是一個人搬。」他說。

收書的感動

　　長年住在山上，現年六十五歲的樂伯練就一雙好腿力，生活簡單的他沒有車，陪同他出外收書的夥伴，只有一台老舊的手推車和一本隨身閱讀的書。他總是坐火車出九份到全省去收書，一方面是因為火車比公車準點，一方面是因為他喜歡利用乘車時間閱讀。到了愛書人家，他會將書打包成箱，推去郵局寄，超過十箱才會請朋友幫忙載回九份。這種收書方式聽起來很辛苦，樂伯卻形容自己猶如在山林裡追逐獵物的獵人般樂在其中，最大的樂趣在於經常會有意想不到的收穫。

「收書最大的樂趣,不在於找到心儀已久的書,而是發現自己看也沒看過的書。」樂伯指出,有時一些毫不起眼的破舊雜誌有可能是文獻或古董,一定要親自看到才能夠判斷,而且許多感人的故事都發生在收書的過程,有時候他從早到晚沒有收到幾本書,卻和愛書人聊天聊了一整天。

「我收書的對象很多是八、九十歲的老人家,所以經常會聽到他們說一些關於抗戰或逃難的故事,但那一輩的人已經逐漸凋零了。」根據樂伯多年來的收書經驗,基本上清書可分為兩種類型,一種是清自己的書,一種是清家人的遺物,無論是哪一種,背後都隱藏著許多情感和回憶。

像是樂伯去年到一位八十多歲的外省伯伯家收書,老人家告訴樂伯,他現在每天都要跑銀行貸款,一圓女兒的導演夢。「老先生說,很多人勸他不要把房子拿去抵押貸款,但他覺得與其留財產給女兒,為什麼不留給她一個夢?其實他也會擔憂,但他絕對不會在女兒面前說出來,他認為即便這部戲沒有拍成功,將來也會是她的基礎,她還會有成功的機會。」

收書拉近父子距離

在愛書人家裡,樂伯聽過大時代的悲歡離合,也見過每個家庭的情感與

◀推著老舊的手推車,樂伯猶如在山林裡追逐獵物般,穿梭在城市與山野間。

▶低調的指標。

牽絆，而這些年來，他自己也在收書的過程中得到兒子的認同與尊重。

重視愛書人隱私的樂伯到府收書一向靠自己，唯一的例外是偶爾會讓兒子幫忙。他半開玩笑地說，第一次帶兒子去收書其實是有惡意的，因為當時就讀國中的兒子進入叛逆期，他不知道該如何教導。「那次我帶他去一棟五樓加蓋六樓的房子收書，總共有七十五箱書，我跟他說，給你一點優惠，你搬三十七箱，我搬三十八箱。從此以後，他再也沒有跟我頂過嘴。」

一箱書如果平均是十六公斤，三十七箱就是近六百公斤，而這只是一半的工作量。扛著一箱沉重的書下樓再上樓，如此上下三十幾趟對樂伯的兒子來說是震撼教育，最直接也最真實地傳達了父親的辛勞，完全毋須再多費脣舌。

樂伯的兒子現在就讀大三，平時住在台北，去年八月八日，他突然打電話說要陪父親一起去收書。那天約莫有八十幾箱書，他卻對樂伯說：「今天你負責陪愛書人聊天就好，書全部由我來搬。」他花了幾個小時將書搬完後，對樂伯說：「父親節快樂！」樂伯當下的感動無法言喻。樂伯笑著說自己過日子只看農曆的節氣與天氣，完全沒想到那天是父親節，兒子無疑給了他一份最棒的禮物。

孩子長大了，有自己的世界和夢想要去追逐，只能偶爾抽空幫忙父親，而多年來一直陪伴在樂伯身邊默默付出的大功臣是樂伯嫂。每當夜深人靜，九份老街的店家都已熄燈，還有一位婦人在刷書、整理、歸類、標價，希望每本書都能夠盡快找到第二春。在風景區的偏僻角落裡，樂伯與樂伯嫂夫唱婦隨，一位負責收書，一位負責整理，而每一本書的背後都隱藏著許多文字上看不到的故事。這些書對樂伯一家人來說，不只是知識的傳遞，更是愛書人的傳承，還有他們全家深厚的情感。

樂伯

台北人,原從事電子業,二十幾年前因為愛書轉而投入相關行業,曾經營過正統書店,也擺過地攤,八年前選擇落腳美麗的九份,與妻子兩人分工經營二手書店,視收書為狩獵,樂在其中。

茶 話 本 事

Q:最喜歡哪一本書?

A:清末秀才洪棄生的詩集。洪棄生是鹿港人,古詩寫得很好,寫過關於煤礦、金礦的詩,感覺很像九份,此外,我也很喜歡他的抗日精神和幽默感。洪棄生曾說,人不要辛辛苦苦寫詩,寫好了送朋友,朋友可能隨手拿去蓋醬罐。無論是從人情或地理的層面,都很喜歡他的作品。

Q:鎮店之寶是什麼?

A:十年前,我曾收過一本關於瑞芳五二七思想事件的書,帶給我很大的震撼。在那個案件中,有很多人被吊問過,並有六、七十人沒經過審判就被虐死在獄中。我因此開始探討九份這個地方與台灣、中國和世界的關係,開拓了我的視野。

九份在日治時代,尤其是一九四〇年左右,有許多思想箝制的思想犯,發生過瑞芳五二七思想事件,這與金礦礦主、礦工都有很多關係。九份是一個很早世界化的地方,台灣也是在東方社會裡世界化非常早的所在。

這對我來說是啟蒙,以前在學校沒有讀過這些事情。我將這些事寫在部落格裡,竟有他們的後代和我連絡。曾有一位九十六歲的老先生和九十四歲的太太,由五、六十歲的兒子相陪,從平溪來找我。當我說到瑞芳五二七思想事件時,老先生的第一個反應是:「你別再說了,等一下刑事馬上會來。」瞬間老先生的時空回到一九四〇年。雖然老先生總說,被吊起來嚴刑拷打都是別人的故事,但其實是他自己的故事。

這本書我目前不會賣,不過在我兩腳伸直前一定會親自讓掉,因為我自己在收書,很清楚孩子的興趣不一定相同,不要以後真被我兒子拿去蓋泡麵!

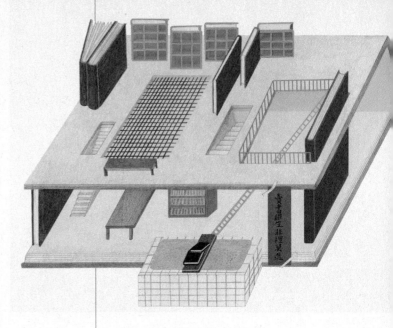

堅持給書一個空間

草祭二手書店

空間本事

店　　主｜蔡漢忠
創立時間｜2004 年
地址電話｜台南市中西區南門路 71 號
　　　　　06.221.6872
營業時間｜12：00 ～ 21：00（週三公休）
營業項目｜二手書
特別服務｜新書發表、講座、展覽

「妳去過草祭嗎？」提及台南的特色書店，愛逛書店的朋友異口同聲地問。

位於孔廟對面的草祭二手書店，搭上老房子的潮流，是近年來台南最人氣的獨立書店，吸引許多遠道而來的顧客前來「朝聖」。為了謝絕僅僅是來拍張照「到此一遊」的觀光客，有個性的老闆蔡漢忠自去年起祭出了會員制，推開木門後，你必須成為會員才能進入真正的書香世界。

帶著眼鏡，皮膚黝黑、留著絡腮鬍的蔡漢忠淡淡地說，也許有些人會對這種做法嗤之以鼻，但他還是堅持要將空間留給書，留給真正喜歡閱讀的人。

「我當然也希望一個空間可以打開來分享，但是當它的焦距跑掉，當人對空間或對人都不尊重的時候，就必須重新思索。」蔡漢忠略帶無奈地說，草祭的同事是非常認真地擦拭一本書，給它一個舞台，可是當人手一台相機的觀光客絡繹不絕的時候，就會影響到書店的品質。

「對真正來逛書店的人來說，書看到一半就有人拿著相機喀擦一聲或大聲喧譁，其實是很大的干擾。」真性情的蔡漢忠直率地說，拍攝者跟被拍攝者彼此之間需要尊重，而不是你手上握有什麼，它就是你的權利。

蔡漢忠進一步說明，其實草祭的會員制可以說是沒有門檻，只需要會費一百元辦理會員卡，但他也會附贈一百元的圖書禮券，不限當日消費也不限日期。

「其實我只是杜絕了某部分進來晃一下的團體。有時也會遇到客人說，我從台北來的，不能讓我們進去一下嗎？但你如果對書有尊重，你花一百元，我給你一百元，你沒有損失，反而我還要製作會員卡、輸入資料，這些都是成本。」他解釋道。

一家書店的主角固然是陳列在架上的每一本書籍，但是開在觀光客紛至沓來的孔廟旁，難免有人將書店當作周邊景點。蔡漢忠頷首表示自己也必須承擔部分的責任，不過他攤攤手說，草祭原本是開在巷弄裡，因為無法負荷

不斷調漲的房租，歇業一年半後才於二〇〇八年搬到現址。

獨特的空間，心靈的轉折

現在的草祭，棲身在一棟老房子裡，獨樹一幟的空間是生意盎然的原因之一，上上下下前後左右宛若一座迷宮。蔡漢忠笑著說，其實我們現在看到的空間是由三個門牌號碼組成，因為台南的房子一般門面比較小，但展示書籍需要較大的面積，所以只好往上伸展。

對於一家書店而言，縱向發展比較不容易管理，除了排列的問題，沉重的書本上下搬動更是辛苦，但是來到草祭，你會發現一般書店盡可能避免的階梯，在這裡不僅是動線也是特色，長長短短、造型古樸的階梯讓整個空間更加生動。

「我喜歡階梯，上下起伏的轉折讓我在心境上有種回家的感覺。」六年級的蔡漢忠感性地說，他是一個需要有點緩衝與沉思空間的人，例如以前在上班的時候，他不會把摩托車直接停在公司前，而是停在附近，走一段路，做為一種心境的轉換。

這樣的蔡漢忠，對於空間與建築有某種特殊的敏銳度及觀點，所以刻意將後棟原本的結構保留下來，希望大家看到昔日的美好。

「這房子建於一九六六年，從格局看來當初應該是住商合一，而我的書店進來需要做一些動線上的調整。在動的過程當中，我發現它原來的結構很嚴謹，鋼筋還是綁兩層，沒有偷工減料，所以想呈現給大家，過去的東西不代表落後，有時反而更嚴謹。」蔡漢忠指出，現在建房子的方式和過去不同，也有許多新的技術，但是功利社會也出現了許多外表雄偉的海砂屋，反正包起來沒人知道。就像現在有些出版社為了迎合市場，小說愈做愈薄，內容變少，文字變大，可是這種書做久了，比較有深度的書就不見了。

從一面老房子結構的呈現，蔡漢忠有許多感嘆及隱喻，他希望出版社不要只考量成本與市場，有時也要義務去做一些經得起時間考驗的經典書籍，循環為二手書的時候才會有價值。

延續書的生命

「面對任何的東西，我都把它當成有生命的東西來看待，所以如果能讓他們延續，才能更精彩。」對於書，蔡漢忠特別有一種延續物命的使命感，他很希望每一本書都值得被流傳，也會盡量去搶收書本。

對他而言，收書的一大挑戰就是遇到書況欠佳的好書，他會很難過好好一本書怎麼會落得如此淒涼。

「像我之前去收書，現場有兩千多本書，因為都是裝箱，不但溼氣重，而且很多都被白蟻吃過了。我每拿起一本書，就會感嘆為什麼這個主人要把它搞成這樣？」說話音量不大的蔡漢忠笑著說，若純粹從做生意的角度來看，他只需考量這本書能不能賣、能賣多少錢，但是這背後往往會牽扯到他對書的情感，而那份情感正是推動著他的動力。「所以收書的過程當中，難免會有自己的主觀，有時候收進來的書不一定是為了要賣。」

◀蔡漢忠刻意保留老房子的鋼筋結構。

▶草祭將空間留給書，讓真正喜歡閱讀的人在此體驗一種沉澱與靜心的氛圍。

蔡漢忠表示，草祭這個店名，是蔡氏的拆解，帶有個人書房的延伸概念，選書方面也比較主觀，不過猶如任何二手書店，買進的書永遠比賣出的書多，為了給這些書一個展示的平台，他的店也愈開愈多，二〇〇五年在台南東區開了風格大眾化的墨林，今年在台南大學旁成立走向偏校區生態的城南舊肆。

　　「我希望能有更多的書店在不同的角落裡，帶動和培養台南的閱讀風氣。」蔡漢忠指出，由於舊書業充滿挑戰與不確定性，他希望能以不同的書店區分書的類型和總類。

　　「一般新書店的書都會輪替，你可以設定各類型書的比例，今天想補幾本就跟經銷商或出版社叫幾本。但舊書店卻是一直延伸，而且無法掌控收到的書籍類型。所以我必須要用空間和地點去把書做一些區分，慢慢微調。」對書有許多想法的蔡漢忠自嘲地說，當初他會投入舊書業，是因為誤以為舊書比較容易入門，一頭栽入後才發現不是這麼一回事，雖然收舊書的成本比較低，但不動就是成本，實際的數字壓力不見得比新書店低，同時又必須不斷想辦法尋找書源。

　　「舊書業的挑戰是，無法預知書會從哪裡來，更不知道會收到什麼樣的書，但這種挑戰也帶來很大的樂趣，因為當你無法掌控時，就會有許多的驚奇。」蔡漢忠游刃有餘地說，舊書店是一個值得挑戰的行業，因為它可以讓書的生命延續。

蔡漢忠
嘉義的鹽田兒女，年輕時不斷地在摸索，做過許多雜工，
後來透過相機尋找自我，從事商業攝影八年，二〇〇三年
底投入舊書業，現為台南草祭、墨林及城南舊肆三家二手
書店的經營者。

茶　話　本　事

Q：實體書店存在的意義是什麼？

A：現在網路發達，不用出門就可以買到書，但唯有經歷逛書店的過程，才有機會延伸其
　　他可能性。因為當你去找一本書，才可能看到第二本、第三本，要有實體店面才有可
　　能去延展閱讀體驗。

Q：哪本書對你影響較深？

A：《魯賓遜漂流記》，我在嘉義鹽田長大，到國中才接觸課外讀物，因這本書而打開新
　　的視野。

Q：哪些人事物讓你印象深刻？

A：因為是二手書，通常比較感傷，往往是不得不的狀態才會清書，例如中風的人、離開
　　世間的人。看別人的書櫃，有種想像的空間，會去推理那個主人是怎麼樣的人，這本
　　書怎麼會流落到我這邊，而不是別人的地方？經歷了這些過程，就會很想要延續書的
　　壽命。

Q：如果以一個詞代表自己的書店，你會用什麼詞？

A：安靜的力量。

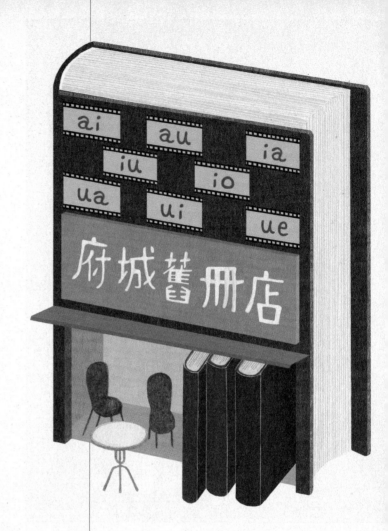

府城舊冊店

本土文學與舊書文化的推手

空間本事

店　主｜潘景新 & 潘靜竹

創立時間｜2001 年

地址電話｜台南市東門路一段 342 號

06.276.3093

營業時間｜週一～週六 10：00 ～ 22：30

　　　　　週日 12：00 ～ 22：30

營業項目｜各類二手書、關於本土文學、台南的新書

特別服務｜讀書會、《藏書之愛》季刊

來到台南市的東門圓環，在一個綠色遮陽棚下，有人坐在路邊的椅子上喝咖啡聊天，話題是讀書、買書、賣書、藏書、寫書、說書……女主人潘靜竹孜孜不倦地談論著《藏書之愛》。對長期推廣台灣文學的府城舊冊店來說，二〇一四年四月創刊的《藏書之愛》是他們的新使命，在文化部一年四期六十五萬的經費補助下，向各界愛書人士邀稿，介紹藏書、舊書店並分享書評，希望能夠提升閱讀風氣。

府城舊冊店是由台語詩人潘景新與環境藝術家潘靜竹聯手經營，起初潘景新在大成路開好望角二手書店，而潘靜竹則在孔廟開天使創意工作室。有一天，潘靜竹看了一位記者朋友的報導，前來潘景新的書店觀摩，發現店裡有一台咖啡機，買書請喝咖啡的構想深深吸引了她，話匣子打開後，兩位自幼夢想開書店的潘氏一拍即合，決定合作，先在成大商圈開了幾年之後才搬到東門圓環。

「我們都姓潘，那時我太太過世，而三個孩子都在台北，一個人開店沒有後盾，希望有個夥伴互相幫助，而她正好和我興趣相同。」以兄妹相稱，潘景新表示，他們剛開始經營時，和現在很不一樣，書店裡也販售潘靜竹的文創作品和咖啡，但是後來他們還是決定專注於書。

今日的府城舊冊店，是一棟涵蓋地下室共四層樓的店面，每層約有四十坪寬，藏書量高達十萬冊，地下室和一樓是大眾書籍，二樓是珍本古籍，三樓是推廣母語的台語文學資料館，最大的特色在於有許多關於台灣歷史、文化、宗教信仰、台語文學的藏書。走進書店，你會發現每櫃書的分類，除了漢語標示，下面還有一排台語羅馬拼音標示。

推廣本土文學及台語創作，是七旬作家潘景新長久以來奮鬥的目標。「本土文學比較廣義，只要是關於台灣或台灣人的創作都算。同時我也提倡『我手寫我口』，也就是說我的手創作的是我嘴裡講的話。台灣有百分之七十五的人講台語，但因為推廣北京話當國語的緣故，台語文學已經變弱勢，如果

不保存以後也會消失。」出身埔里的潘景新感嘆地說，他是平埔族，但是平埔族已經失去了文字和語言，他不希望台語走上相同的命運。

甘為書奴，樂在其中

在茫茫書海當中，本土文學本身就是小眾市場，其中台語文學更容易被淹沒。潘景新指出，大部分的台語文學作者都匯聚在昔日的古都台南，以獨立出版的方式相互勉勵、相互取暖，而府城舊冊店就是他們說南道北的小基地。

「按理說，一般舊書的成本可能不到十元，卻可以賣到一百元，利潤應該很好，但是我們有理想性，做的是小眾，所以成本積壓得很厲害，很花錢。」提到台語文學，雙眼炯炯有神的潘景新無怨無悔地說，到了這個年齡，就是一句心甘情願，無論營運是否能平衡，覺得有價值就要去推動，聚集所有的小眾就是大眾。

除了本土文學，府城舊冊店也擅長珍本古籍。潘景新表示，會賣書不厲害，會收書才是本事，最節省成本的是去資源回收場尋寶。不過，在垃圾堆裡翻箱倒櫃，除了辛苦，還得要碰運氣。所以必須要累積其他書源，向一些藏書家購買。

「我們的藏書為什麼會這麼多，是因為我們曾在因緣際會下收過圖書館的書，也收過幾位過世文學家的藏書，現在有許多老客人也會賣書給我們。」潘景新說，收書最大的藝術在於懂書，一般舊書都很便宜，要有五十年以上才有價值。

「書應該是要愈陳愈香，像蘇富比拍賣場那樣，十萬元買可以賣到二十萬、三十萬，但是台灣還沒有走上那個機制。我們會辦《藏書之愛》，就是想給藏書家、舊書店一個平台，探討藏書的門道。」甘為書奴的潘景新樂在

其中地說，目前他們獲得文化部一年的補助金，未來不知是否還能繼續拿到補助，無論如何他們都會堅持下去，就算把賺來的錢都賠在那裡也無所謂。

「當初我很天真，以為開書店花個一百萬就好，結果一栽下去竟花了 N 個一百萬。」在一旁的潘靜竹大笑補充說，經營舊書店不易，因為賣出去的書永遠比收進來的少，即便書再便宜，累積下來的成本就很可觀。

從英姿煥發的文青到白髮斑斑的老詩人，歲月或許在潘景新的臉上留下了痕跡，卻不曾改變他對書的熱忱，多年來他經營過出版社、新書店、小說出租店及舊書店，最令他著迷的還是舊書店。

「有一句話說，沒有看過的書就是新書，很多古書都令人回味無窮。舊書店很有趣，在營運的過程，也許你會碰到來買書的作者，有時候讀者也會賣書給我們。」愛書成痴的潘景新說，去收書時，愛書人會告訴他某本書超好看，不看很可惜，而當他將那本書賣掉的時候，那種快樂難以形容。

在一家書店裡，有人與書的邂逅，也有人與人的互動，有的時候很有趣，有的時候也會有意想不到的情節。

活潑敦厚的潘靜竹表示，開店多年，令她難以置信的事件就是遇到偷書賊，而且還是常客。那名女子在府城舊冊店買書買了約半年，原本約一個月來光臨一次，後來次數愈來愈頻繁，有時甚至一天會出現兩、三次。

書店裡每櫃書的分類，除了漢語標示，下面還有一排台語羅馬拼音標示。

「我們書店的書實在太多，所以起初也沒發現，可是有一次有個區塊的書全部不見，那個時候除了她沒有別的客人來過。」潘靜竹說，那名女客人身材略胖，帶著一只大袋子，他們故意去補她喜歡的書進來，隨便擺放，結果發現真的是她順手牽了一群羊。

人贓俱獲後，篤信基督教的潘靜竹與潘景新不忍報警，讓女客人留下汙點，但她的家人沒有人願意來保她，最後他們只好帶她去教堂懺悔，並用「以工換書」的方式讓她在店裡打工了一陣子。

開店多年，對於這段小插曲，潘靜竹莞爾一笑，她說無論遇到什麼問題，最後都能釋懷，因為她是「一本書的燈」，要「以赤子之心俯瞰並守護我那浩瀚的書牆」。

〈一本書的燈〉是潘靜竹寫的一首詩，她回憶著說，有一年不知為什麼很不景氣，書都賣不掉，她每天煩惱到睡不著覺，但書店又是她的最愛，她也不知道該怎麼辦，於是每天將書搬來搬去，有一天靈光一閃，寫下了這首詩，也消除了她的焦慮。

「我開了一家書店。有一天，站在書店的入口處，一眼望去整排的書牆，如排山倒海的向我傾覆，而每本書像斑駁的磚塊，書中的字——大、大、小、小、鏗、鏗、鏘、鏘，從書架頂上，流洩如瀑布。突然靈犀閃爍間，迫切的——我想做一本書的電燈……」熱愛書寫的潘靜竹打開電腦朗誦她的詩，如果說她是因為「讀了書，堅持理想，才有勇氣突破困境」，那麼作家潘景新的堅持則是出自於一種使命感。

「我年輕的時候是文青，因為沒有錢，逛書店常遭白眼。」潘景新說，早期的舊書店燈光都很昏暗，而且書都是一疊疊地堆積，他想看中間那本書又不敢抽出來，因為怕整疊書會倒塌。「所以我想開書店，而且妳看，我的店燈光很明亮，有桌子，又不會趕顧客，還會請他們喝咖啡。」

潘景新

一九四四年出生於埔里的平埔族詩人,歷練過出版社、新
書店、小説出租店、舊書店,致力推廣台灣文學,以《潮
間帶》獲選收錄於府城文學獎作家作品集,並以《站在岬
角上的偷詩賊》獲府城文學獎現代詩類佳作。

潘靜竹

一九五五年出生,從旅行業轉而成為環保創意藝術家,二
○○五年榮獲「全國環保創意競賽－台南市」優勝,二
○○六年起開始寫詩及散文創作。

茶　話　本　事

Q:最喜歡哪一類的書?

A(潘景新):天生愛寫詩、看詩集,喜歡這種比較精煉的語言,像余光中的作品。

Q:哪本書對你影響最深?

A(潘靜竹):華嚴《智慧的燈》,早期影響我很深。那本書的女主角小時候很窮,小朋
　　友愛玩,點蠟燭來寫功課,阿嬤就説,我們家很窮,妳還要點蠟燭來寫,妳應該白天
　　把功課寫完,晚上想事情就好。那本書給我的啟示是:白天要用眼睛看,晚上要用心想。
　　人要沉澱、要思考,不能浪費生命。

Q:如果以一句話形容自己的書店,你會怎麼形容?

A:有感情的店,可以跟客人互通。

喚醒二手書的第二春

舊書舖子

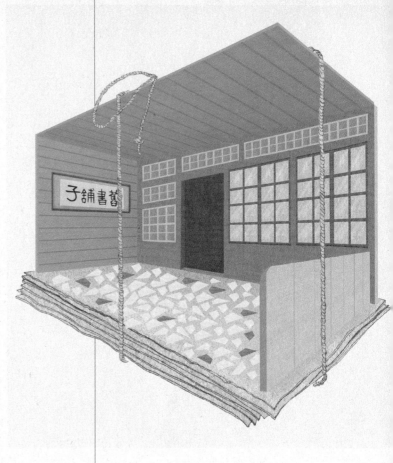

空間本事

店　主｜張學仁
創立時間｜2004 年
地址電話｜花蓮市光復街 57 號
 03.834.4586

營業時間｜13：00 ～ 22：00
營業項目｜二手書
特別服務｜無

那一年，他三十三歲。厭倦了五光十色的台北那種馬不停蹄的生活節奏，從事美術業的張學仁決定放下一切，與妻子兩人搬到山明水秀的花蓮定居。

那一年，他在資源回收場當義工，意外發現許多人會將書本連同廢紙一起回收。從小愛看書的他，不忍書本就這樣化為紙漿，開始你丟我撿的救書行動，直到家裡的空間無法負荷……為了幫那一、兩千本的書尋找第二春，花蓮的第一家二手書店舊書舖子就這樣誕生了。

轉眼一晃十年過去了，位於花蓮市中心的舊書舖子，從最初僅十坪大的小空間，輾轉搬了兩次家，來到今日這片約莫四十五坪大的店面，張學仁搖搖頭，笑著說：「我沒有想過要擴張店面，兩次搬家都是因為房東要把房子收回去。不過這行業有個特色就是東西會愈賣愈多，不停地收、不停地增加庫存量，空間很快就不夠用了。」

收書是從事舊書業的命脈，隨著時代的變遷，當許多業者都在為書店的生計煩憂時，個性淡泊的張學仁卻泰然自若。「這個行業有趣的是它可以從很微小、很個人、很簡約的方式入門，無論你有多少書、裝潢有多簡陋，客人都可以接受。」

張學仁回憶著說，他剛開店的時候書很少，自己釘書架、裝燈、做招牌就開始營業了，困難的不在於開店本身，而是在於最初不知道收書的訣竅，後來發現，一定要勤跑回收場，漸漸也有客人拿書來賣，收書方式愈做愈多元化。

「我算是比較幸運，因為開店的時機比較早，只要沒有太大的野心，就可以很穩定地經營。」張學仁自我分析道，走純書店路線的舊書舖子能夠穩定經營，是因為他勤跑回收場，減低成本。「我一個月的收入大概有五、六萬來自回收場，我經常笑說這就是我的工資，其他的盈餘剛好可以負擔房租和管銷。」

過去十年來，張學仁固定每天上午和下午都會跑一趟回收場，在滿是灰

塵的廢紙堆裡尋寶，從不嫌髒也不嫌累。「可能因為我是老么，從小就喜歡撿東西。」他笑著說，以前家人用過的東西最後自然會輪到他接收，養成他愛惜物命的習慣。

林語堂 VS. 孟東籬

年輕的時候，張學仁受到朋友孟東籬的影響，開始追求自然簡樸的生活。當時孟東籬在花蓮縣鹽寮村的海邊蓋了一間茅房，並寫下《濱海茅屋札記》，愛好自然的張學仁也很嚮往那樣的生活。不過，喜愛藝術的張學仁也欣賞林語堂那種知識份子講究生活樂趣的感覺。在《生活的藝術》裡，林語堂提到人類是唯一在工作的動物，張學仁很喜歡林語堂筆下悠閒的生活態度。

「林語堂比較像知識份子，講究生活的樂趣，而孟東籬則是完全極簡，追求生命終極的目的。我覺得這兩者在花蓮都存在。」張學仁覺得花蓮像是一個半都會半鄉村的地方，有山有海的同時又不乏藝術展覽，這就是當初他會選擇搬到花蓮的原因。

移居花蓮後，雖然開二手書店是偶然的緣起，但其實張學仁還是認真評估過地緣。「我算過，花蓮的閱讀比例算高，因為這裡有四所大學，每一所的學生都超過兩萬，而且軍公教人員的比例也偏高，我一個月只要有一千人來買書就夠了。」看似悠哉卻有條有理的張學仁並指出，因為花蓮是觀光勝地，所以也有許多消費者是外來人口，到了假日遊客的比例可能占百分之二、三十。

這一天我就遇到來自新竹的楊佳陵，從事教育工作的她表示，通常她看到舊書店都會進去逛逛，因為有時候可以找到一些絕版的教育叢書。「我很喜歡這裡，因為分類很清楚，而且書況也整理得很好。」一口氣買了好幾本書的她說。

「遊客有時一次購買的量會比較大，也許是因為剛好在這裡找到想要的書，也許是因為價錢相對比大城市划算。二手書的定價比較主觀，所以地區與地區、書店與書店之間難免都會有價差。」張學仁解釋說，因為物價的關係，冷門書在花蓮可能相對便宜，但是熱門書可能反而貴，因為在此能夠收到的量可能比大城市少。「像《巨流河》，目前我只收過五本，而且是在出書半年後才收到，但是有一個客人告訴我，茉莉二手書店很快，書才出來一個月後就收到了。台北的空間小，資訊的流動快，我們這邊的步調比較慢。」

舊書店的樂趣

由於舊書舖子位於花蓮市區，客群來自四面八方，所以張學仁收書的範圍很廣，會收一些通俗書來支撐冷門書。不過對他而言，收二手書最有趣的是——永遠無法預期哪一天會忽然遇到什麼樣的書。

「我每次收到比較特別的書，都很好奇它怎麼會漂流到花蓮來。這樣的過程和履歷，是新書店沒有的幻想。」張學仁笑著說，之前收過三套胡適的書，上面有他寫給友人的毛筆題字，每出一套就送，表示那個人對胡適應該很重要。於是張學仁就上網去搜尋那個人，卻徒勞無功，後來想想，也許胡

收二手書最有趣的是——永遠無法預期哪一天會忽然遇到什麼樣的書。

適寫的不是對方的名字，而是號，所以不容易查詢，但是他依然惦記著那三套書的來歷。

有時候，張學仁也會在回收場收到日記或者老照片，他覺得很有趣，因為那些都是最真實的瞬間，他會很好奇當時究竟是什麼樣的年代。

「我收過早期的畢業紀念冊，最老的是日治時代的畢業照，有趣的是那張照片是兩張單張照片放在一起，一張是畢業的時候，一張是後來日本老師又回來，小孩變老人的照片，我很感動。」張學仁感性地說，開舊書店的人，經常會有一種很想認識那些愛書人、卻無法見到的遺憾。

這種情景，在愛書人家中也會發生。有的時候看見滿櫃的文學書，覺得這個人一定很有學問，但可能對方已經過世了，無緣見到。又或者對方是退休老師要搬離花蓮，第一次見面也是最後一次，有種相見恨晚的感覺。然而相對的，這也是張學仁的樂趣所在，種種的遺憾與問號留給他無限幻想的空間。

張學仁
台北人，復興商工美工科畢，曾在北美館工作，後來在士林開美術社。三十三歲那年決定返璞歸真，偕妻搬到當兵時就嚮往的花蓮定居，並因做環保而走進二手書的世界。

Q：對於網路、電子書有什麼看法？

A：多少會有影響，所以和朋友合作，提供書在線上賣。

Q：理想中的書店是什麼樣子？

A：有很多椅子。舊書舖子雖不供應飲料，一進門卻有幾張桌椅，因為剛來花蓮時覺得泡書店很痛苦，沒有椅子，站到腰都痠了。這裡椅子很多，隨便客人愛怎麼看，不買也沒關係。

閱讀讓青蛙變王子。

有貓有狗有書香

時光二手書店

空間本事

店　　主｜吳秀寧

創立時間｜2004 年

地址電話｜花蓮市建國路 8 號

03.835.8312

營業時間｜週一～週日 13：00 ～ 22：00

營業項目｜文、史、哲、生活、藝術二手書、
　　　　　當地手創雜貨

特別服務｜茶飲咖啡、藝文活動

來到花蓮市外圍，一棟木造的老房子寧靜地坐落建國路上。推開木門，一隻白貓與一隻黃貓慵懶地躺在櫃檯上找周公下棋，一隻黑狗搖著尾巴歡迎客人。有句台語諺語說：「豬來窮，狗來富，貓來起大厝。」流浪貓似乎是二手書店的最佳拍檔，經常反客為主，吸引顧客上門。由於一般在都市裡比較少有流浪狗來敲門，因此同時出現店貓、店狗的地方並不多，走進時光二手書店，最先映入眼簾的就是貓狗共事的和諧畫面。

「我總共有兩隻貓、十二隻狗！」問及她的小寶貝，聲音輕柔的老闆娘吳秀寧脫口大笑地說，總共不是三隻，是十四隻，貓住在店裡，狗分別住在書庫和家裡。開店十年，她對流浪動物的印象比對人還要深刻，如果說書店是人與書交會的空間，書則是她與貓狗的媒介。

時光倒流回十年前，吳秀寧在大愛台做花蓮當地的帶狀節目《後山素描》，採訪用心生活的在地人，其中一集的男主角是舊書舖子的張學仁，吳秀寧記錄了他所有開店的歷程，連舊書舖子的招牌都是她幫忙釘上的。

「那時我非常感動，因為開書店也是我的夢想，沒有到竟然真的有人付諸實行，讓我整個人熱血沸騰。」短髮微捲、身材圓潤、笑容甜美的吳秀寧回憶著說，當時她與一位志同道合的朋友經常一起去回收場，體驗在垃圾堆裡尋寶的滋味。

回收場除了髒亂，也很危險，因為隨時可能遇到大型機具在作業，紙堆裡也可能有鐵釘、狗糞等。但兩位女生不但不怕髒，還樂在其中，於是她們決定乾坤一擲，在同一年開了時光二手書店。

「剛開始我們有百分之七十的書來自回收場，我們還會爬上紙堆山，撿到書時很高興地在上面朗誦，像兩個很幼稚的女生。」提起往事，吳秀寧笑著說，當時她只知道聽起來不怎麼浪漫的回收場是與書相遇的寶庫，雖然無法預期會撿到什麼是收書的一大樂趣，但她想都不曾想過收穫竟會是一群貓狗！

流浪貓狗的中途書屋

談起貓狗滿臉甜蜜的吳秀寧說，她們收養的第一隻狗，是在要去回收場練習收書的途中巧遇的，當時牠的嘴被橡皮圈圈住，腫得像豬頭一樣，她們於心不忍，於是用罐頭把牠騙上車，帶牠去看獸醫，沒想到醫生卻搖頭嘆息說可能需要安樂死。

「我們希望再給牠一個機會，因為我們給牠吃罐頭，牠很愛吃，展現出想活下去的生命力。」吳秀寧說，那一天她們沒有去收書，為了那隻狗奔波到半夜，後來那隻狗成為她們的第一任店狗，跟了她們兩、三年才離開。「牠是一隻很乖的狗，牠打開了我對流浪狗不同的視野。」

之後，吳秀寧經常在回收場裡遇見流浪狗，一旦開始關懷就難以袖手旁觀，有一段時間她原來是要去收書，結果反而變成抱狗去結紮，時光二手書店現任的店狗歡喜也是從回收場撿回來的寶貝。

「在回收場的動物通常不會受到善待，歡喜本來被繩子繫著，也沒有遮雨的地方。有一個梅雨季節，牠淋了一星期的雨，上面淋下面溼，有一次我看到牠全身幾百隻壁蝨，實在是看不下去了，那裡總共有三隻狗，我們就決定全部都要帶出來。」吳秀寧說，舊書舖子的張學仁也很愛動物，她們把三隻狗帶出來後，張學仁收養一隻，時光二手書店分了兩隻，一隻送人、一隻留下。

至於那兩隻鎮守在櫃台上的大胖貓，白貓叫 Woody，因為在街頭流浪，被吳秀寧帶回店裡。黃貓叫阿吉，牠被車子撞傷倒在路邊，吳秀寧發現牠的時候，牠全身是血，吳秀寧看牠已經奄奄一息，原本要將牠帶去埋葬，結果發現牠還會動，趕緊送醫急救。

「所以阿吉是長短腿。」吳秀寧淺淺一笑說，「我本來是養狗的人，遇到 Woody 與阿吉後開始與貓結緣。有開店的空間很好，後來我陸陸續續撿到

一些貓狗，就在這邊中途收容，如果送不掉就留下來，貓比較好送，但狗真的很難送。」吳秀寧淡淡地說，踏入舊書業十年的時光，這家店從兩個女生合作到她獨自經營，遇到再大的困難，都沒有救援、送養這些流浪動物困難，只要是不涉及生命的事情，都可以用時間來換取空間。

單飛後的時光

　　在窗邊一隅，有一對情侶坐在椅子上看書、喝飲料，時而拿起相機拍照，感覺上像是遠道而來的遊客。年輕的女子林貝貝大方地說，她來自高雄，花蓮是她環島旅行中的其中一站，每次來到花蓮，她都會來時光二手書店享受寧靜的時光。「我喜歡這裡的氣氛，可以緩和心情，放鬆旅途的腳步。」她說。

　　開朗的吳秀寧坦言，外地客人是讓時光二手書店存活下來的原因。其實開店之初，書店的生意並不好，是到了第五年才開始有起色，因為當時花蓮有一群人在推廣慢城運動，將民宿、咖啡館、書店等特色小店串聯起來，加上網路的盛行，打響了時光二手書店的名氣，而這一切都是她用等待換來的。

　　以「溫柔的堅定」來形容自己的書店，吳秀寧還記得，等待的滋味是苦澀的，必須懂得自得其樂。開店的前幾年，有很長的一段時間店裡經常沒有

時光二手書店就像是一首詩，將二手書、舊物件的時空感及貓貓狗狗的故事串聯起來。

時 光 二 手 書 店 ——
有 貓 有 狗 有 書 香

127

客人，有一年情人節，一整天都沒有人來，到了晚上，她和夥伴一個人站在吧檯裡、一個人坐在吧檯外，玩起老闆、客人的遊戲，自己煮咖啡自己喝，就在快要打烊的時候，門輕輕移動，終於有人走了進來，結果竟然是來借洗手間！

「雖然我們開書店不是為了要賺大錢，但一開始的營業額實在是差到連自己都養不起。到了第四年，因為業績實在太差，而我的夥伴也因為結婚有了不同的人生規劃，所以她就回到原本的職場。」吳秀寧平靜地說，拆夥之後，單身的她決定留下來繼續孤軍奮戰，因為她知道在花蓮，這樣的店必須要有足夠的時間去等待。

現在店內後方的咖啡區，在兩個女生拆夥之際，還是一個凌亂的書庫，單飛之後，吳秀寧覺得這家店應該還有很大的成長空間，決定開始重新規劃、整理空間。

「當時歡喜就是在這裡陪我，前面有冷氣牠不去，實在是太貼心了。」坐在咖啡區裡，我們邊喝花茶邊聊天，聊著聊著話題又繞回了她最心愛的狗，吳秀寧惜緣地說，與流浪動物的邂逅是意外，但回過頭想，其實二手書、二手狗都是「舊物件」，這是她的緣分，在十年的漫漫歲月裡，每一個階段都有不同的流浪動物陪著她。

「我不太會記年分，只記得哪一隻狗在的時候發生什麼事情，狗變成我們的年分。」在這家有貓狗相伴的書店裡，吳秀寧的眼光閃過一抹夢幻，嘴角微揚地說，時光二手書店就像是一首詩，將二手書、舊物件的時空感及貓貓狗狗的故事串聯起來。

吳秀寧
花蓮人，原從事媒體工作，在大愛台服務時因緣際會記錄了花蓮第一家舊書店的開業歷程，激發她實踐開書店的夢想。時光二手書店起初是由兩位志同道合的女生一起經營，後來朋友因有不同的人生規劃而返回原本的職場，吳秀寧單槍匹馬繼續經營，並於二〇一三年在一間建於一九三九年的日式老屋裡開了複合經營的「時光1939」，供應蔬食早午餐，並舉辦藝文活動。

茶　話　本　事

Q：店名的由來是什麼？

A：起初取名「時光」，只是因為覺得很好聽、很浪漫，像一首詩的句子，而且可以把舊書、舊物件的時間感呈現出來。

Q：鎮店之寶是什麼？

A：兩隻貓，因為貓會靜靜地坐在櫃台上，而且牠們住在店裡，比較像鎮店之寶。狗會跑來跑去，也不住店裡。

Q：開書店的樂趣在哪裡？

A：可以經常跟一些不容易看到的舊書、舊物件在一起。

Q：喜歡什麼樣的書？

A：高中時期喜歡朱天心、小野的作品，現在大部分看小說。朱天心的《獵人們》是關於街貓的書，因為同樣踏上愛護動物的路，朱天心曾兩度在時光辦活動。

心靈的饗宴

魚麗人文主題書店

空間本事

店　　主｜蘇紋雯、陶桂槐
創立時間｜2006 年
地址電話｜台中市西區民權路 177 巷 1 號
　　　　　04.2225.9811
營業時間｜12：00 ～ 21：00（週三公休）
營業項目｜新書、餐飲
特別服務｜無

如果美食是滋養五臟廟的精緻料理，那麼好書就是療癒心靈的精神糧食。在台中教育大學旁的巷子裡，有一家飄著書香與菜香的複合式經營書店，因為執行長蘇紋雯認為，「無肉令人瘦，有書方不俗」，一本好書、一桌好菜，就是生活中的幸福。

「所以『魚麗人文主題書店‧魚麗共同廚房』是無法切割的。」在一邊是書店一邊是餐廳的店裡，蘇紋雯對著來採訪書店的我說，這不是一家附設餐廳的書店或附設書店的餐廳，而是複合經營，魚麗的故事是在書與廚房層層的交織下逐漸豐富。

「魚麗人文主題書店‧魚麗共同廚房」是由兩個女人共同打造的夢想，店名出自《詩經》，描述一場有魚有酒的筵席，意指太平盛世的豐衣足食。雖然在理念上，書店與餐廳是複合經營，但在當地，餐廳的名聲卻比書店響亮，廚房的實力可想而知。然而乍看蘇紋雯和主廚陶桂槐的履歷，她們都是新聞系出身，半路出家的兩人是如何抓住老饕的胃呢？魚麗的故事要從外表秀麗、做事幹練的蘇紋雯說起。

那年是一九九九年，年近三十歲的蘇紋雯在台北出了一場車禍，來到天氣較好的台中養傷，當時正巧經手一個醫療創業案，她與學妹陶桂槐決定一起挑戰。

「坦白說，離開台北等於離開所有的文化資源，是很冒險的決定。不過那時候還年輕，覺得有本錢冒險。」蘇紋雯爽朗地笑說，在診所工作的時候，有一間小型的讀書室，她們會在那裡辦影展、讀書會等活動，覺得很有趣，逐漸開始醞釀創業的計畫。

當時她們思索著兩人的興趣與才華，最後統整出一個可以形成商業模式的面貌──書店與餐廳的複合經營，因為兩人都很喜歡閱讀與做菜，而且學妹陶桂槐曾在餐飲業打過工，所以有一點小小的基礎。「不過，從二○○六年創業到現在第八年，菜的風貌當然差別很大，現在魚麗已經累積了四百道菜，

每天換菜單,隨著時令及產地狀況更換搭配。」她說。

傳承媽媽的味道

蘇紋雯表示,她愛做菜的基因承襲自母親,媽媽的廚藝很好,不過以前在家時很難跟她在廚房裡學習,因為媽媽動作很快、很嚴格,菜還沒切兩下,刀子就被抽走,不合格!她是到了台北以後才開始學做菜,到了台中生活步調慢下來之後更有空做菜。

「所以一開始我們都是看書,跟傅培梅學做菜,把一些名家的食譜都拿來做一遍。」蘇紋雯笑著說。

二〇〇一年是蘇紋雯人生的一個轉捩點,她成了未婚媽媽,在兒子出生後開始意識到一件事:明明自己已經在做菜了,可是有些熟悉的菜卻做不出記憶中的味道,那些媽媽做的菜如果現在不學,以後就沒有人會了。

「生了孩子之後,會想去探究自己的祖譜、思索傳承的問題,開始去想你應該連結、承接、傳遞的是什麼。」蘇紋雯表示,多年來她與陶桂槐經常四處學藝,深入朋友家、客人家的廚房,去跟各家媽媽學習拿手菜,其中最令人津津樂道的莫過於和舊永福樓創辦人葉信清的夫人葉林月英學做菜的緣分,二〇一三年《天下雜誌》還做了一個專題,三人合照為這段廚緣留下美麗而珍貴的一刻。

只是照片中璀璨笑容的背後,其實隱藏著無限的遺憾,因為多年以後重逢,蘇紋雯原本打算跟葉媽媽再學幾招,一見到她才發現為時已晚,葉媽媽已經失智了。

時光回溯到二〇〇八年,當初對做菜都還很生嫩的兩位小姑娘,擠在廚房裡,翻閱一本又一本的食譜,卻始終做不出理想中的燻魚,有一天有位朋友問:「妳們要不要來試試我家的燻魚?」她們才知道原來那位朋友是永福

樓葉家的後代，昔日的永福樓是台北首屈一指的寧波菜館，以前葉家的家宴都是由葉媽媽掌廚。

「那個時候我們做菜剛入門，看到高手做菜，每道菜都很講究、濃郁度很高，眼界大開。」對葉媽媽的廚藝欽佩不已的蘇紋雯說，她第一次吃到葉家的醉雞就被征服了，因為葉家的醉雞要浸泡七天才上桌，那種舌尖上的滋味自是不在話下。「我們當時想從簡單一點的開始學，像蹄筋那些比較困難的，過兩年再學吧！」

二〇一三年藉著《天下雜誌》採訪的機會，蘇紋雯與陶桂槐來到了台北，原本打算再跟葉媽媽學習一些更經典的工夫菜，豈知葉媽媽已經認不得她們了。「一看到葉媽媽，我就知道我們來得太晚了，時間稍縱即逝，我們怎麼可以不經心地認為可以過幾年再說呢？」蘇紋雯感嘆地說，葉家當年因十信案受牽連，經營上發生困難，必須壯士斷腕賣掉永福樓，她一直覺得葉爸爸與葉媽媽的故事猶如《浦島太郎》加上《人魚公主》，沒想到自己卻創造了另一個遺憾！

「現在我們去學做菜，節奏都很快，回來後會立刻整理出來，發現任何疑問馬上去查書。」做事認真的蘇紋雯說，二〇一三年見到葉媽媽的震撼，讓她變得更加積極。

魚麗的書店和廚房是無法切割的。

凋零的書店

相對於餐廳轟轟烈烈的發展，書店的命運就顯得坎坷，今年三月初來訪時正在展示「獨立書店的凋零」，架上既無最新的出版品，書況感覺也是亦新亦舊，讓我一度以為這是家二手書店。蘇紋雯搖搖頭，哈哈大笑說，她是刻意的，如果一家書店不再進新書，年復一年，架上的書一定會耗損，形成眼前這種凋零的狀態。

「起初我們走選書路線，讀者都很喜歡，但二〇〇八年起，我們開始發現有讀者會來這裡看書掃條碼，然後在博客來購書，那時我們就決定二〇〇九年開始要凍結進書，不再更新架上的書。」蘇紋雯平靜地說，其實她們在開書店之際，就預料到這一天一定會來，既然購書行為網路化的現象已經無力回天，不如將它當作一場劇場看待，也不特意去解釋，讓讀者自己去感受一家書店的凋零。

「這只是反映新通路的興旺與舊通路的凋零，我們沒有太多的情緒，只是想提醒讀者，獨立書店的式微真的是讀者之福嗎？」

不過蘇紋雯表示，這齣戲也上演夠久了，而且庫存都賣得差不多了，近期內應該就會做一些調整。

「我們可能會往社區閱讀空間的方向去整理，開放租借，藏書上也會比較貼近我們自己的閱讀喜好，並做不定期的書展，不再以銷售做為目標。」

換句話說，未來魚麗人文主題書店可能變成兩位女主人私人書房的延伸，以及概念溝通的平台，但蘇紋雯表示書店的空間一定會存在，範圍也不會縮小，因為她們原本就是以中途書店的概念在經營。「台北和台中在文化資訊上還是有落差，如果能有一家中途書店，讓閱讀基礎還不是很深的讀者，透過一家小小的實體書店看到一些重要的作者，到了網路的書海裡就知道該如何選書。」她說。

魚麗以義安命

在書店的漫畫區裡，有一位十三歲的男孩坐在角落看漫畫，他是蘇紋雯的兒子，從小隨著母親在這家店裡長大。「孩子在這裡混著混著就長大了，他會有自己的小角落，長大了也還是在那裡，只是從趴著變坐著。」望著兒子的身影，蘇紋雯露出滿足的微笑。

身為母親，蘇紋雯很了解當公共空間不友善時，帶著孩子寸步難行的窘境，因此魚麗人文主題書店·魚麗共同廚房裡有一些貼心的親子設施，例如育嬰室等。

「既然我有自己的空間，當然要替女人平反，雖然魚麗開店時我自己已經不需要育嬰室了。」蘇紋雯爽朗地笑說，店裡都是矮桌矮椅，也為了讓女人可以坐得安穩舒適。

從關懷女性議題開始，從事社會工作多年的蘇紋雯關心任何弱勢族群及社會議題，不過有別於一般獨立書店，她不是在店裡辦倡議性的活動或講座，而是直接走出去關懷，最近的一項計畫是「鄭性澤的魚麗便當」。

計畫的起因，是關懷冤錯案，蘇紋雯自二〇一三年開始關注鄭性澤案，那是一起二〇〇二年發生在豐原一間 KTV 包廂裡的警匪槍戰案，沒想到開槍

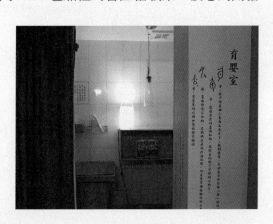

魚麗的育嬰室空間。

的關鍵人死了，在場的鄭性澤卻在疑點重重的狀況下被判了死刑。

「從二○一三年七月開始，我們每個月會有一天送便當去給鄭性澤，然後回來寫探視筆記。」條理井然的蘇紋雯指出，從關懷冤錯案這件事裡就有許多議題值得探討，因為魚麗只是一家小店，就算不談司法、廢死這麼大的議題，如果只是單純從一個人去關懷另一個人的角度，可以用什麼樣的途徑和方法？「食物做為一個載體，可以承載的東西非常多，也許是家庭記憶、生命經驗或時代故事，當我們送便當給鄭性澤，裡面包含了關懷與善意。」

走過未婚生子的淬鍊，蘇紋雯表示，其實弱勢的世界一直平行存在，她希望做的是，幫他們找回生活的幸福感，因為自己也曾遭受異樣的眼光。那一段日子，她的心中有許多不平，看了許多經典，也經常看《論語》，有一天她看到錢穆的《論語新解》〈憲問篇〉，當中提到「以義安命」的觀念，當下她就知道自己得救了。

「做社會工作是我對社會的回饋，開書店也是。我從書裡得到安慰，所以我透過書傳達的訊號，也是我對社會的回饋。我們做菜、讀書，都是為了傳遞生活的幸福感。」她說。

蘇紋雯

嘉義人，十八歲上台北念書，文化大學新聞系畢。原從事媒體工作，近三十歲那年發生一場車禍，為養傷搬到台中，並與興趣相同的學妹陶桂槐聯手打造了「魚麗人文主題書店・魚麗共同廚房」。

Q：最近讀了什麼好書？

A：《羊道：游牧春記事》。過年那段期間我正好在搬家，那本書在講最變動不安的游牧生活，但是我看了反而覺得好踏實、好安定，每天都睡得很好。游牧者有家人、有氈房，在乍看最飄移變動的時候，看到不變的因子，那種力量很大。

Q：推薦給新手哪本食譜？

A：梁瓊白《如何成為廚房高手》、蔡穎卿《廚房劇場》。

Q：如果以一句話形容自己的書店，妳會怎麼形容？

A：生活的幸福感。

一個人的書店

午後書房二手書店

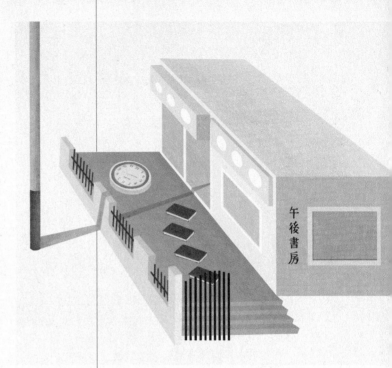

午後書房

空間本事

店　　主｜吳家名
創立時間｜2007 年
地址電話｜台中市龍井區藝術北街 46 巷 2 號
04.2652.9927

營業時間｜週二～週日 13：00 ～ 22：30
營業項目｜文、史、哲、藝術方面的二手書
特別服務｜無

天色已昏暗，我本想讓吊燈也亮起，

可是並沒有走到門口去開那個開關，反而順手把檯燈關熄；

於是，薄暮忽然就爬進我的書房裡。

——林文月〈午後書房〉

《午後書房》是收錄作家林文月同名散文的書名，也是台中東海大學附近一家二手書店的店名。

陽光燦爛的午後，我依照約定的時間來到書店前，卻發現小庭園的鐵門深鎖，店裡一片薄暮沒有燈光。等著等著，已經超過營業時間幾個小時都沒有人來開門，直到夕陽漸漸西下、薄暮輕輕籠罩大地的時分，主人才滿臉倦容地出現。

原來那天中午，店主吳家名突然接獲一通電話，就讀中班的兒子發高燒，妻子匆匆忙忙趕往學校接孩子去看醫生，所以他必須留在家中照顧一歲多的小女兒，等到妻子回家才能出門。

「一個人顧店就是這樣。」開店迄今沒有雇用過店員的老闆擦著汗說，他還得先趕去寄書，店裡大大小小的事都必須親力親為，這也反映出經營書店的困難。

「開一家書店就等於照顧一個小孩，要收書、賣書，瑣碎的事情很多，尤其這幾年經濟條件不是很好，要廣拓銷售辦法，靠大量的工作去換取收益。」

位於龍井區的午後書房距離台中市區比較遠，在開店之初靠東海大學的師生支撐還足夠維持生意，然而這幾年隨著消費型態的改變，網拍反而變成這家實體書店的主要收入來源，客群以北部和大陸居多。

「大陸人的購買力很可觀，有些地址即使是在台灣，很明顯也是代標公司，因為通常一個人不會累計購買到一萬多本書。」吳家名表示，平均每日

網拍的成交率還算不錯，少則要寄五封，多則十幾封，有時摩托車還要分兩趟，他每天固定要出兩次貨，下午一次、深夜一次。

「做網拍很花時間，因為整家書店、包括倉庫的書全部都要上網，舊書不像新書系統一掃，資料就出來，必須一筆一筆地打上去。」吳家名表示，做網拍看似輕鬆，其實很辛苦，要拍照、修圖、包裝、寄貨，每天光處裡這些行政工作就要花掉許多時間，所以這家店雖然誠如店名從下午才開始營業，不過實際工作時間卻很長，往往都是開店十個小時後，回家再繼續工作六小時。

愛書人理想中的書店

電台播放的古典音樂迴盪在店裡，坐在入口處靠近窗邊的榻榻米座上，吳家名淡淡地訴說開書店的瑣碎事，沒有太多的情緒。

店外的玻璃窗，貼著一張書店的海報，上面寫著：「不可無書，無書聱如；不可廣集，書多為奴。」吳家名說，這首詩是從大陸的書畫上抄來的，不知原作是誰，因為前兩句是叫人買書，後兩句是叫人賣書，剛好能呼應舊書店的二元，他就借來使用。

「我喜歡舊書店，因為在一個地方發現一些書、認識一些書友的過程，其實比開書店本身有趣，所以去逛別人的書店永遠比在自己的店裡快樂。」原本從事法律事務的吳家名笑著說，他很愛買書，會開書店是被鍾芳玲的《書店風景》「陷害」。

「那本書自一九九七年出版第一版到二○一三年的增訂版，很多書店都已不在，從她的書中可以看到書店的生與死。對於一個愛書的人，無論是喜歡買書、喜歡這樣的空間還是生活方式，她的文章和照片都是很神聖的召喚，讓我們每個人的心中都裝著一家『莎士比亞書店』。」

說到莎士比亞書店，吳家名對於開書店的熱誠似乎又漸漸回溫，眼睛發亮地說，那是所有愛書人理想中的書店。「它是愛書人開的店，一位美國女孩跑到法國開了這家以文學為主的書店。她在二樓設了一個臥鋪，讓旅人與讀者可以用換工的方式在那邊住宿。店裡最有名的客人有兩位，一位是海明威，一位是喬伊斯。」

莎士比亞書店遠在歐洲，有它的文化背景和深度，對吳家名而言是一個美麗的夢想，然而身處台中，對他影響最大的書店是東海書苑。

一九九五年，來自高雄的吳家名走出保守的高中校園，來到東海大學。那一年，東海書苑剛剛開幕，當時才解嚴一段期間，六年級的人從小都還受過反共大陸的教育，對於一個來自南部的小孩來說，東海書苑是一家很前衛的書店，架上陳列著許多關於性別議題及左派思想的書，深深打開了吳家名的眼界。

「那對於一個大學生的心智是相當大的衝擊，我會想開書店也是因為想把那些東西保留下來，雖然我不知道在這個年代還有沒有用，但那有著知識啟蒙的意義，所以我覺得再沒有用都要做。」吳家名語帶無奈地表示，很遺憾他只有一個人，店裡的空間又不夠大，所以儘管他很關心社會議題，卻暫時沒有餘力辦活動響應。

不可無書，無書瞽如；不可廣集，書多為奴。

因此，吳家名比較喜歡用「柑仔店」來形容自己的店，因為他覺得開書店最珍貴的是人與人之間的互動。「我都是自己一個人顧店，有一天我在臉書上小小發著牢騷說，已經顧店顧了七、八個小時，兩餐都沒吃飯，結果竟有客人專程騎著摩托車過來送東西給我吃。」吳家名感謝地說，像這種生活中的小感動不勝枚舉，也是支撐他開店最大的力量。

吳家名
高雄人，東海大學政治系畢，原在台北從事法律相關工作，
二〇〇六年回到台中，與幾位朋友合資開書店，卻因各自
有不同生涯規劃而結束，二〇〇七年起經營自己的二手書
店。

茶 話 本 事

Q：店名的由來是什麼？
A：一來是書店下午才開，同時也是取自林文月的書名，因為喜歡她的散文。

Q：如果以一句話形容自己的書店，你會怎麼形容？
A：賣舊書的「柑仔店」。

Q：鎮店之寶是什麼？
A：《林絲緞影集》，一本人體攝影集，在當年是禁書。我很喜歡收藏攝影集。

午後書房，一個薄暮與書籍
相遇的所在。

社會運動的平台

洪雅書房

空間本事

店　　主｜余國信

創立時間｜1999 年

地址電話｜嘉義市長榮街 116 號

　05.277.6540

營業時間｜每日 14：00 ～ 21：30（目前週六公休）

營業項目｜台灣文化、歷史、生態環境相關新書

特別服務｜每週三晚上固定舉辦免費講座，

　　　　　如新書發表會及各種藝文、社會活動等

三月中旬的午後陽光露臉，在嘉義市區一條寧靜的巷子裡，有一家看似寧靜的書店，從玻璃窗望進去，店裡沒有客人，只有一隻黃白貓靜靜地坐在窗邊相望。不過，貼在門口的春聯「一店裡不合時宜，滿櫃子盡是前瞻」，卻透露著這家書店的個性。

　　走進店裡，店主的手機響個不停，一通又一通的電話全是關心、聲援在立法院抗議反服貿的學生。

　　「我是因為每個星期三晚上店裡都有活動，所以昨夜才從台北趕回來，不然現在應該是在立法院。」瘦瘦高高的余國信以自豪的口吻大聲地說：「洪雅應該是台灣與社運關係最密切的書店，大大小小的社運，我們都有涉獵、討論、參與、甚至發起。」

　　走進長方形的洪雅書房，迎面往深處看，有一個寫著「洪雅車站」的造景立牌，那是之前余國信參與搶救老房子活動時做的道具。邁入第十五個年頭，洪雅不僅是一家書店，更是遠近馳名的社運據點，每當有事件發生的前幾天，這裡就會擠上滿滿人潮，莫約十坪的空間竟可容納到一百人。六十七年次的余國信從學生時代就投身社運，二專畢業的隔一年就開書店，他表示這一切是緣分。

　　讓我們跟著余國信回到他的學生時代，上個世紀末的台灣本土運動蓬勃，他在那樣的氛圍裡累積了投身社運的能量，最初的啟蒙是台灣圖書室。高中的時候，余國信從雲林來到嚮往的大城市嘉義讀書，在某個夜晚無意間發現一間位於地下室的圖書室，都是關於台灣史地與政治文化的書籍。

　　「那是很另類的圖書室，啟蒙我很多想法，讓我踏上了社運這條不歸路。」余國信回憶著說，當時他就開始思索，其實書店是介於圖書室和民間社團之間，如果開一家書店，可以做些什麼事？但是畢業以後卻是先找工作，直到遇上驚天動地的九二一大地震，才令他當下決定要迅速圓夢，在短短數個月內開店。

以社運為理念

當時年僅二十一歲的余國信完全沒有經營書店的相關經驗，一路跌跌撞撞走得辛苦，也曾幾度陷入經營窘境，緊閉的大門貼著「老闆去吃飯」，實際上是去打零工。當時，除了來自顧客的溫情鼓勵，舊金山的城市之光書店（City Lights Books）也是令他支撐下去的標竿。創立於一九五三年，反主流的城市之光書店也是在風雨飄搖的保守年代裡茁壯成長，成為今日象徵自由前衛的文化景點，因此余國信勉勵自己一定要堅持下去。

爾後，余國信透過吳音寧的《蒙面叢林》認識了墨西哥的查巴達組織，他們從早期的游擊隊棄戎從文，改由以詩集、小說、明信卡、體驗營的方式陳述原住民遭受剝削的故事，帶給余國信許多靈感。「這完全是獨立書店與抗爭結合的參考模式。」他說。

說來說去，余國信的話題依然不離社運，他笑著說，附近的居民都說這裡是假書店、真社運。如此熱衷並積極參與社運，問及會不會影響書店的營運，操著一口台語、有時參雜台灣國語的余國信笑著說：「當然會呀，常常沒開店，損失很大，所以星期三的活動是書店的命脈，不趕回來這個月可能會掛零。」

開幕迄今已經辦了七百多場活動的余國信表示，雖然活動本身免費，但是像新書發表會的時候，書都賣得不錯。

這一天，店裡有一位顧店的小姐，余國信指著貼在柱子上面的排班表，聲明：「洪雅書房沒有員工，所有來幫忙的人都是義工，所以目前星期六休息，不然星期六其實客人很多。」

在洪雅書房當了三個月義工的陳依柔剛走出校園不久，來自彰化的她表示，她喜歡這裡，一方面是空間很舒適，一方面是選書特別，可以看到許多非商業性質的好書。

從農業關懷大地

余國信指出，簡單來說，洪雅書房是台灣圖書室的縮小版，主要以台灣文學、歷史、土地環境為主，但是也有自然生態、旅行、鐵道、動物等書籍。

「我覺得許多主題都可以與台灣文化有關係，因此我想破除專一，以跨領域的方式將各種想法做一個媒介。」余國信隨手拿起吳音寧的新書《江湖在哪裡──台灣農業觀察》說：「我會挑這一類的書，因為我的價值觀不一樣，我會以文化為主體看見農業，農業裡面有文化卻被忽略。關心社運的人，最後還是要處理糧食問題、農業問題、土地問題。唯有愛護土地、愛護農業，你才會去愛護這裡的一切。」

農業是近年來余國信關心的議題，他甚至為了推廣友善農業，拿起鋤頭親自下田種米。行動派的余國信表示，書讀得再多，終究還是理論，唯有實際去嘗試，才有辦法突破輿論之疑，落實知識，而這幾年他也種出了心得。「我提倡有機，可是父母還在用農藥，一定要自己試試看，才有辦法溝通，這次我媽媽就叫我回家去種種看。」余國信自豪地說。

瀏覽洪雅書房的書架，農業可以用文化的角度來思維，那麼貓專櫃又該如何解釋？「因為我養貓呀！現在不是都在強調貓權狗權，替流浪動物發聲

反骨、關心社運、對社會有責任的人在洪雅書店集合，往理想出發。

嗎？」余國信笑著說，其實他以前並不喜歡貓，一年多前附近一位獸醫師撿到了這隻貓，問他能不能收養，而這隻貓也很親近人，看到人不但會搖尾巴撒嬌，甚至跳到人身上要人抱，所以他才同意。

「牠叫做八百，因為當初我付了八百元的醫藥費給獸醫，不過我都叫百百。」余國信一邊撫摸著百百一邊說，從他與愛貓的親密互動中透露出鐵漢柔情的一面。

讀什麼書，變什麼樣的人

獨立書店架上的書能夠反映店主的風格和喜好，開店之初，洪雅書房的分類很簡單，現在形形色色的專櫃是經年累月延伸發展出來的，然而特殊的平埔族專櫃卻是打從一開始就存在。台灣有許多原住民，為什麼余國信要特別強調平埔族？原來，這與店名有著密切的關係。日治時代，人類學家移川子之藏將今日雲林、嘉義、鹽水一帶的平埔族稱為「洪雅族」，余國信指出，自己是雲林人來嘉義，想用一個兼具移民、原住民和族群話題的店名，因此引用了「洪雅」。他希望這是一家有創意、有理想、有熱情的書店。

「如果讀什麼樣的書能夠變成什麼樣的人，希望進到洪雅書房的人可以變成洪雅書房期待的人，也就是反骨、關心社運、對社會有責任的人。」他說。

人 物 本 事

余國信
學生時代受台灣圖書室的影響參與社運，爾後以洪雅書房為平台推廣社運，經常東奔西跑，並辦過無數講座，近年來更是致力推廣友善農業，是社運型書店的代表。

茶 話 本 事

Q：哪本書對你影響最深？

A：薩依德的《知識分子論》，提倡抗爭、知識份子的責任、往邊緣戰鬥。

Q：最難忘的人事物是什麼？

A：有一位女客人要我介紹海洋的書，我推薦廖鴻基的海洋文學書，並告訴她應該去花蓮找黑潮海洋文教基金會的執行長，結果她真的去了，兩、三年後兩人結婚，要我去主持婚禮。

Q：開書店的樂趣在哪裡？

A：很多元，什麼樣的書、什麼樣的人都有。有什麼樣的行業能像這樣，與顧客之間不是只有買賣的關係，反而能變成好朋友？

Q：如果能重來，願不願意再開書店？

A：開書店很辛苦，不過如果想得開，也很有趣，還是會拚了。

台版帕華洛帝的夢想平台

阿維的書店

空間本事

店　　主｜李峰維

創立時間｜1996 年

地址電話｜台北市懷寧街 36 號 8 樓

02.2375.4388

營業時間｜週一～週六 11：00 ～ 21：00

　　　　　（週日隨興營業）

營業項目｜二手書

特別服務｜無

週日的夜晚，重慶南路冷冷清清，許多店家鐵門緊閉，隱藏在懷寧街樓上的阿維的書店，這天也是「隨便亂開」，沒有固定的營業時間，六點半以後如果沒有客人上門，老闆李峰維就會帶一本書到附近的咖啡廳去享受寧靜的閱讀時光。只是拉下鐵門，在電梯口遇見要上樓的人時，聲音宏亮的老闆仍不忘確認他們是不是要去書店的客人。

「不能錯過任何做生意的機會。」出身工人家庭的李峰維不會故做文雅，他直率地說：「我是商人，就要扮演好商人的角色，賺愈多代表我的眼光正確。」

滿口賺錢經的李峰維非常率性，總是梳著小平頭、身穿白襯衫，說起話來一口中氣十足的台灣國語，講沒幾句就哈哈大笑。而他的二手書店也一樣樸實，沒有設計感也沒什麼裝潢，架子釘起來就是書櫃，他毫不掩飾地說：「我的店沒有什麼風格，除了國小、國中的參考書不收之後，其他什麼書都收，訣竅就是『你丟我撿』。許多人賣書是因為要搬家，所以我盡量把書收廣一點，如果這個不收、那個不收，對方會很頭痛。」

乍聽之下，李峰維像是個自信滿滿的生意人，其實出身清寒的他是在一次又一次的挫折中赤手空拳地打出一片天，這也說明了為什麼他說話總是三句不離賺錢。

在開書店之前，商數系畢業的李峰維曾在《中國時報》印信封，也擺過路邊攤賣雜誌，他自嘲地說：「學什麼和做什麼是兩回事，精算師是給心無旁騖、無經濟壓力的人去考的，像我這種兩手空空的人，命運就像激流，岸邊有樹根我們就抓樹根，岸邊有墳墓我們就抓墳墓，我亂抓一通，有什麼機會抓什麼機會。」

一九九六年，李峰維抓到了一個機會，他從報上得知台北書城倒閉，於是將書和收銀機、書架等設備全部收購，並向二姊借錢開書店，但經營卻比想像中還來得辛苦，因為當時他對書一竅不通。

「接過手的書會愈做愈少，所以我開始買賣二手書，但我本身並非圖書

業，根本不懂得如何收書，常常買到廢紙。」李峰維大笑說，那時自己稱不上二手書商，充其量是個廢紙商，疊了一堆堆賣不掉的廢紙掛在牆上。

就在這個時候，一心想創業的李峰維抓到另一個機會，當時想要衝業績的圖書經銷商農學社，認為阿維的店開在樓上也能撐過兩年，應該有潛力，因此開始跟他合作，於是阿維開始轉型以訂購打折的方式買賣新書。

「那個時候台灣景氣好，當時開在一樓的書店幾乎沒什麼折扣，但我卻打八折。如果你在樓下看中一本書定價兩百五十元，上樓來跟阿維填訂單，隔一天來取書，就省了五十元，你喜不喜歡？」只是好景不常，李峰維搖搖頭笑著說，當景氣開始下滑後，大家紛紛加入折扣戰，從九折到八五折之後，他的八折不再有吸引力，因為如果一本書兩百五十元，沒有人會為了十元差價上樓填單、隔日取貨了。

為了鞏固生意，李峰維開始擴充營業，他的店面原本是在九樓，後來又加租了現在的八樓，以及七樓的套房。兩層樓的門市加一間獨立的辦公室兼倉庫，聽起來很輝煌，李峰維卻大聲宣布：「告訴你，那時我每個小時都在虧錢。一層樓還有可能少虧，擴充之後是大虧，因為你要請店長、會計、整理貨的員工，要請一堆人。那時我一直虧錢，虧到最後已經沒有朋友可借錢了，因為前債未清，怎能厚臉皮再借？」

然而從小吃苦耐勞的李峰維並沒有因此被擊倒，他仔細分析自己虧損的原因，認為新書已經愈來愈難競爭，而且擴充業務之後，管銷與營業額根本不成正比，因此決定重新挑戰二手書，並且只留下今日位於八樓的一層門市。

「感謝主，改賣二手書後，三年前總算把債務還清。」李峰維說，他現在對書已經很了解，知道什麼是時報、什麼是遠流、誰是王文華、誰是劉墉，知道哪些書好賣，不會像當初總是收一堆廢紙回來裝飾牆壁。

感謝主，這三個字不是口頭禪，而是李峰維的肺腑之言。外表再台味不過的李峰維，竟是一位虔誠的基督教徒，單槍匹馬在商場翻滾多年的他感恩地說，賺錢其實很複雜，所幸他無論遇上什麼樣的難關，都會想到上帝，才

沒有走上偏路。

「快倒閉時，也曾想過乾脆進多一點書，然後跳票，人跑了不就結了。」李峰維爽朗地笑說：「我本來真的有這個念頭，點子什麼都可以，搶劫也是一個點子，但你會覺得心裡不平安，我們信主的覺得這樣做是不平安的。」李峰維表示，每當他遇到挫折時，都會以《聖經》的話來沉澱自己，當時他想到的一句話是：「壓傷的蘆葦，他不折斷；將殘的燈火，他不吹滅。」

多年下來，阿維的書店慢慢找到自己的定位，他以高價收購、低價售出的方式薄利多銷地經營，折扣因書況從六折到一折，甚至十元一本的書都有，若持貴賓卡還可再打九折。「我的店面不大，一定要低價賣書，讓書流動得快。」他說。但是最有趣的是，在折扣再折扣之後，最後還有一個跟老闆擲骰子比大小的折扣機會。

「如果上帝覺得我阿維賺太多，你就會贏，上帝會祝福你的。」阿維總是這樣對客人說。對於這個「賭折扣」的花招，阿維表示，書賣得再便宜，還是會遇到喜歡殺價的客人，與其為了那一點折扣弄得雙方不愉快，不如來玩遊戲，這樣大家都覺得有趣，還可以不著痕跡地傳福音。「大家都喜歡被上帝祝福，不是嗎？」他哈哈大笑。

從電梯門的「阿維簡介」，李峰維幽默開朗的個性一覽無遺。

阿維的春秋大夢

上班族張秀如是書店的常客，她說自己在同一棟樓學芭蕾，常在路上遇見一邊騎單車一邊高歌的老闆，覺得他很有趣，書也不錯，所以很喜歡來。

原來這一帶的人都知道，李峰維除了嗓門大、愛說笑，也很會唱歌，興致來時還會高歌一曲，而且唱的竟然是高難度的聲樂！

「大家都叫我帕華洛帝。」李峰維自豪地說。

李峰維的歌唱技巧是看著帕華洛帝的 YouTube 影片自學而來，會愛上唱歌是因為國小二年級的時候被老師稱讚唱歌很好聽。

「我小時又矮又醜又窮，經常被嘲笑。但我的國小老師高淑芬不但把她兒子不喝的牛奶給我喝，還說我唱歌很好聽。所以我就想以後要當歌星，如果老師還在，要唱給老師聽。」李峰維說，他從小養成唱歌的習慣，但都是唱一些台語老歌，隨著日子一天一天過去，從郭金發變成余天、洪榮宏的歌。

有一天他在路上唱歌，被人稱讚是帕華洛帝，當時他並不知道帕華洛帝是誰，後來有了 YouTube，他看著帕華洛帝的影像聽他唱歌，才知道帕華洛帝唱歌有多好聽。「我那時候才知道，為什麼自己過去唱歌會被嫌吵，因為我以前唱歌像在唱軍歌，都是重音，多嚇人。」說起最愛的歌唱，李峰維陶醉地示範，並表示希望有一天能夠開演唱會。

「我童年的夢想是當總統、成為百萬富翁和娶一個漂亮的老婆。」李峰維笑著說，N 年以後，總統夢碎了，也沒有老婆，唯一實現的是存到百萬，但現在百萬根本稱不上富翁，然而樂觀的他依然沒有放棄作夢，只是現在最大的夢想是展開演唱生涯。

「在人生還沒落盡之前，我希望能有機會藉著演唱到國外走走，但這是有步驟的，我的想像是先娶一個老婆，讓我無後顧之憂，然後用書店的平台，讓我開一場演唱會。」李峰維笑著說，書店和錢都交給老婆沒關係，他想要去圓歌唱夢。「如果有機會實踐的話，應該比總統夢棒多了吧?!」

李峰維

來自嘉義的工人家庭，東吳商數系畢業，做過上班族，也擺過路邊攤，在因緣際會下開了書店，從此與書結下不解之緣。喜歡閱讀偉人傳記，因為可以激勵自己，做為學習的榜樣；也喜歡閱讀普通科學、歷史和英文。他是台北車站一帶小有名氣的台版帕華洛帝，最大的夢想是開演唱會。

Q：如果以一句話形容自己的書店，你會怎麼形容？

A：生張熟魏只為財，執書賣笑歡迎來。

Q：最喜歡哪一類的書？

A：偉人傳記，可以激勵自己，是學習的榜樣，你就照他們的思維，在他們的生活時空裡去想像，就有一股力量激勵自己。或許你終其一生，是不重要的阿貓、阿狗，但藉由那些人，你對自己而言已經盡其在我，盡了本分，在上帝給你的條件下去盡量發揮，這樣就夠了。那些我們很仰慕的人，不過就是把自己活出來。我們就學習他們的榜樣，盡量把上帝賜給我們的生命有意義地活出來，盡量去做，結果怎樣，我不知道，只能說順其自然。

Q：最難忘的人事物是什麼？

A：在我困難的時候，有兩個人令我很難忘。一位是客人，在我轉型缺書時，對方送書給我，都是教育心理學、藝術類的書，價值很高，變現也有三、四萬，我非常感激。另一位是工讀生，叫林國政，他來這邊幫忙不到一個月，可能在這期間知道我的處境，將書建完檔後，連薪水也沒領就消失不做了，電話也連絡不上。我到現在都還留著他的卡片，如果那個人現在出現在我面前，我會給他兩倍薪水。

Q：開書店最大的樂趣在哪裡？

A：與來逛書店的同學互動，逗同學很愉快，因為同學很單純、可愛，來讀書的社會人士大部分也都不壞，這是最大的收穫。

台灣尾恆春古城的書店

春成書店

空間本事

店　　主｜吳威德

創立時間｜1999 年

地址電話｜屏東縣恆春鎮中正路 81 號

　　　　　08.888.0302

營業時間｜10：00 ～ 22：00

營業項目｜新書、文具

特別服務｜咖啡、不定期藝文活動

若是到恆春，就要好天的時陣，出航的海船，有時駛遠有時近。

若是到恆春，就到落雨的時陣，罩霧的山崙，親像姑娘的溫純。

若是到恆春，愛揀黃昏的時陣，海墘的晚雲，半天通紅像抹粉。

若是到恆春，不免揀時陣，陳達的歌若唱起，一時消阮的心悶。

——宋澤萊〈若是到恆春〉

　　豔陽高掛在藍天上，墾丁快線從高雄晃呀晃呀晃到恆春鎮，在當地熱鬧的中正路上，綠底白字的春成書店映入眼簾。走進書店，一邊陳列著文具、一邊擺著書籍，還有一扇小門通往隔壁同一位老闆經營的月光咖啡。書店裡掛著一幅毛筆字揮灑的〈若是到恆春〉，宋澤萊的詩詞反映著老闆吳威德對家鄉恆春的情感，到恆春不用選時日，什麼時候來都很美麗。

　　擁有高學歷、留學加拿大的吳威德原本在台北工作，一九九七年因父喪返回恆春，並決定留下來陪伴母親。當時的吳威德莫約四十歲左右，既然要留在恆春，就必須思索工作問題，而恆春究竟缺乏什麼呢？吳威德問一些在外地工作的小學同學，為什麼他們都不願意搬回恆春老家住，得到的答案是，恆春有點無聊，連書店都沒有。

　　兒時玩伴的回答，讓吳威德靈光一閃，台灣最南端的恆春古城怎麼可以沒有書店？！當時他正好有位朋友曾開過出版社，介紹了一些在高雄的中盤商給他認識，而他自己也登門拜訪了南部其他的經銷商，了解鋪書到恆春的可能性，從此義無反顧地扮演起恆春知識之窗的角色。

　　一九九九年的中秋，恆春的第一家書店開幕時，也曾轟動一時。坐在書店隔壁的月光咖啡裡，鬢髮漸白、帶著透明鏡框的吳威德說，剛開始生意還不錯，鎮民買書不再需要大老遠跑去屏東、高雄，縮短了城鄉接觸知識的差距。因為他有餐飲管理的背景，所以三年後又在書店隔壁開了鎮上的第一家

咖啡廳。「我們的咖啡廳和一般書店不一樣，是很專業的，連咖啡豆都自己來。」他說。

歲月匆匆轉眼十五年，恆春依然是三十三年前宋澤萊筆下那個有陽光、海岸、山崙、晚霞的地方，而春成書店也依然是鎮上唯一的書店，不過隨著旅遊業帶來的商機，月光咖啡卻不再是唯一的咖啡廳，從小鎮街景的變與不變之間能夠端倪出恆春這些年來的趨向。

恆春的轉變

今日的恆春，街頭多了咖啡廳、民宿及大賣場，觀光旅遊為恆春帶來了來自外地的流動人口，操著各種口音，揹著背包的遊客來來去去。但是觀看當地的居民，不是滿頭銀髮就是一臉稚氣，戶籍人口才三萬五千人左右的恆春，實際居民也許更少。

小學畢業後就到台北念書的吳威德指出，許多年輕人都跟他從前一樣，會到外地去接受教育。因為恆春沒有大專院校，最高學府就是恆春高中。一旦離開後，往往就會留在外地就業。

「所以恆春的閱讀風氣不容易帶動。」喝著咖啡，吳威德略帶無奈地說，早些年還會看到國中生、高中生來書店翻書，可是後來一些大賣場也開始賣書，最直接的衝擊還是網路書店盛行，環境改變了年輕人追求知識的方式及消費習慣，再加上政府逐漸重視邊緣地區的發展，鄉鎮圖書館的資源也愈來愈豐富，相對地，春成書店扮演的角色也就不再如昔日重要。

不過，這一切都在吳威德的預料之中，他揚揚自若地說，當年他去尋找合作對象時，就有一位台南中盤商勸他說：「年輕人，你不要開書店啦，不會賺錢。你一個月的營業額要超過四十五萬以上才有可能獲利。」當時吳威德就心裡有數，開在恆春的書店，沒有那個本事一個月賺那麼高的營業額，

如果純粹考量經營，這家店根本就不應該存在。

然而身為恆春人，吳威德堅持在台灣尾開書店，不外乎是一種使命感，猶如吳家歷代經營的百年老雜貨店春成商行，吸引顧客的是便利商買不到的人情味，左鄰右舍經常會去找八十七歲高齡的吳老太太話家常。

實體書店的重要

在書店連接咖啡廳入口的那面書牆上，陳列著介紹當地旅遊、文史的書籍，他拿起一套已故前輩林右崇編著的《恆春三帖》說，這套書詳細記載了恆春的歷史、人物、傳奇，是春成書店的鎮店之寶。

林右崇是恆春拓真學會的創辦人，而吳威德則是現任的會長，他對於恆春的情感，反映在他的文史工作上，除了彙編《恆春鎮誌》，也主導恆春古城街頭音樂教室，不定期舉辦音樂活動，希望傳承當地獨特的民謠文化，重新紮根恆春古城被遺忘的藝文氣息。電影《海角七號》裡，茂伯用的那一把月琴，就是跟吳威德借的。

《海角七號》掀起了恆春的旅遊熱，偶像劇《我在墾丁＊天氣晴》的女主角第一次出現的場景就是春成書店，也讓書店成為觀光客來到恆春必訪的

◀店門口固定有恆春古城街頭音樂教室。

▶電影《海角七號》裡茂伯用的那一把月琴，就是跟吳威德借的。

景點。吳威德說，許多香港遊客都是因為看了那齣戲慕名而來，大陸觀光客也不少，他們不一定會買書，也許只來拍拍照，表示「到此一遊」，或蓋蓋店裡的恆春紀念章。但是，這樣也無所謂，只要有人來書店看書，他就很滿足了。

「全台灣沒有書店的鄉鎮很多，而我們恆春雖然是在最南邊，至少有一家書店，這樣就夠了。」吳威德淡定地說，現在很多實體書店都面臨相同的窘境，但是實體書店的存在很重要，猶如《重生的書店：日本三一一災後書店紀實》最真實感人的描述，書不只是知識的窗口，更是心靈的寄託，日本三一一的災民就是藉由閱讀得到了慰藉與希望，陪伴他們度過難關。

吳威德
恆春人,文化大學工業地理碩士,當兵後赴加拿大讀旅館
及餐飲管理,返台後在台北從事電腦業,一九九七年返回
恆春,一九九九年開春成書店,二○○二年開月光咖啡。

茶 話 本 事

Q:店名的由來是什麼?

A:這是來自父母經營的老雜貨店「春成商行」,成立於一八九五年台灣割讓日本前後,
是恆春鎮上知名的百年老店,所以書店也沿用這個名字。如果有一天雜貨店收了,還
有這家書店延續下去。

Q:最難忘的人事物是什麼?

A:之前《哈利波特》熱的時候,有一次我覺得奇怪,店裡明明有這本書,怎麼不見了?
後來才在不同類別的書櫃上找到。觀察後發現,有位小姐固定每天會來翻幾頁,直到
看完那本書。她之所以把書移位,可能是怕看完之前就被別人買走。
有一位老先生,也是幾乎天天來,拿著筆記本來抄樂譜。我跟他說:「我們睜一隻眼、
閉一隻眼,你乾脆拿數位相機來拍攝算了。」結果老先生說:「我買不起相機。」我
們就讓他坐在小板凳上慢慢抄。

Q:經營上遇過什麼困難嗎?

A:這家店不開還可以收房租,開店就得付管銷、水電、稅金等等,壓力很大,以做生意
的角度看,老闆沒有薪水,等於是在做義工。也有經銷商退出,不願再跟春成書店合
作,理由是公司政策,營業額沒到達一定的程度就不再配合。最近也在考慮複合經營,
在書店的空間多下點功夫。

Section 3

記錄這段夢想初起飛的歲月

永楽座

了解台灣文化的藝文空間

空 間 本 事

店　　主｜石芳瑜

創立時間｜2011 年

地址電話｜台北市羅斯福路三段 283 巷 21 弄 6 號

　　　　　02.2368.6808

營業時間｜週一 12：00 ～ 21：00

　　　　　週二～週日 11：00 ～ 22：00

營業項目｜二手書、文學、社科

特別服務｜飲料點心、藝文展演

台北的夜晚霓虹燈比星星閃耀，汽車一輛接一輛地奔馳在羅斯福路上，轉身進入餐館林立的巷內，朦朧的夜色瀰漫著誘人的香氣，從異國料理到麵食小吃，似乎都是高朋滿座，相形之下坐落在小弄裡的書店顯得格外幽靜，只有爵士樂輕柔地伴隨著靜靜坐在書架上等待被翻閱的書籍。

「我們每天都要吃三餐，但不是天天會買書。」坐在供顧客喝茶閱讀的木桌前，永楽座的店主石芳瑜從容自若地說，書店的客流量不比餐廳，她從來不奢望人潮蜂擁，只是想要營造一個人與書交流的空間。

猶如許多獨立書店，永楽座的書籍以二手書為主，主要著重於文學、社科方面，畢竟小書店無法與大書店競爭新書，書量也不如大書店齊全，但對於消費者而言卻是另一種選擇。「我喜歡逛小書店，因為小書店通常會有自己的風格，也許書沒那麼多，但都是挑選過的，比較容易找到自己喜歡的書。」從事室內設計的林宥良是永楽座的客人，他以服飾店和百貨的差異來形容巷弄裡的小書店，二手書輕柔地喚起學生時代去光華商場看書的記憶。

光華商場的二手書是許多五、六年級生的共同回憶，任憑時光匆匆流逝，烙印在泛黃紙張上的文字卻無視歲月的改變，不疾不徐地陳述著作者在某個時空裡寫下的風景。因著自身的經歷，二手書給予不同年代的讀者不同的遐想空間，而研究台灣史的石芳瑜將她的店以「永楽座」為名，是希望能夠喚起更久遠的文化記憶，因為了解台灣這塊土地的文化是這家店的精神。

「座」在日文有劇場、戲院之意，時光回溯到日治時代，繁榮的大稻埕（台北城北部，主要指今延平北路、迪化街一帶）是台灣文化的啟蒙地，落成於一九二四年的永楽座擁有一千兩百個席位，是當時設備最完善的舞台，上演過許多重要的表演。奈何在時代的變遷下，隨著大稻埕的沒落，永楽座也在一九六〇年走入歷史。

「我會引用這個名字，因為永楽座不只是一家書店，更是一個小型的社區藝文中心。」石芳瑜說這個場地可以舉辦二、三十人的小型活動，起初是

外借場地給新書發表會,後來她想舉辦比較有深度的活動,開始嘗試讀書會和朗讀會,雖然人不多,但是合作的編輯、作者都覺得效果很好,因為他們可以有一、兩個小時的時間與讀者面對面暢談作品,文字透過聲音傳達的感覺和閱讀又不相同。

「這兩年社運很風行,我覺得也可以給一些 NGO 或青年團體討論有點政治性的議題,只要別太超過,我都可以接受。」石芳瑜指出,小書店和大書店最大的差別在於,小書店比較不畏懼大眾的眼光。以婚姻平權為例,小書店比較沒社會輿論的壓力,反正想支持的人就來,不想支持的人就不要來。

成立不滿三年的永楽座是業界的後起之秀,具足深度的活動打響了它在藝文圈的名聲,讓石芳瑜得到了大家的肯定。

「其實我覺得我並不成功,因為永楽座不賺錢。但是朋友都認為我做得很成功,因為永楽座在很短的時間裡累積了一些東西。從這個角度思維,我覺得很欣慰。」石芳瑜露出甜美的笑容。

從挫折中成長

在這個網路普及、電子書崛起的年代,經營獨立書店不容易,離開職場多年的家庭主婦石芳瑜,為什麼會在二○一一年義無反顧地開起書店當店主?「因緣際會。」她不假思索地回答。

永楽座最早是開在師大附近的泰順街,石芳瑜是在一個偶然的機會下,得知那裡有爿原本也是書店的店面,因為經營不善而空出來。「當時我剛好結完稿,正想著下一步要做什麼。因為我大學就讀圖書館系,加上近幾年開始研究文史,閱讀量大增,對於書籍有更深入的了解,所以我覺得也許是老天爺在暗示我可以去開二手書店。」身兼作家身分的石芳瑜說,她喜歡做研究,但不是很有創作能量,個性上又無法只做一個在家帶孩子的家庭主婦,

因此一直在尋找自己戲稱為「第二春」的舞台。

　　至於為什麼選擇以二手書來圓夢，理由很簡單，因為小書店無法和大書店競爭新書的折扣。

　　「二手書的利潤比新書好，但相對地門檻和難度也比較高，因為新書你只要訂，不用出去收書。」回首草創時期，石芳瑜坦言當初太天真，以為自己常去逛書店，應該不難找到配合進書的對象，後來才明白同行間不免有些忌諱，必須靠自己想辦法去收書。「我也是踏入這行之後，才知道原來收書這麼辛苦，還要標價、定價和管理，瑣碎的事情一大堆，每本書上架之後還要同時做網拍，因為光靠店面行銷是不夠的。」

　　當時石芳瑜除了要煩惱自身的店務，又時逢師大商圈風波，更糟糕的是屋頂竟然會漏水，書籍遇到天敵束手無策。「我覺得我是什麼問題都遇到了，但又不甘心，好像還沒到說再見的時候，於是決定搬家，搬到台電大樓旁的巷子內。」石芳瑜覺得永樂座能夠茁壯起來，是占到地理位置的優勢，師大、台大是書店的一級戰區。

　　「這一帶的讀書風氣濃厚，我們以二手書為主，價位還算有競爭力，交

永樂座不只是一家書店，更是一個小型的社區藝文中心。

通又方便。我們的空間雖然不大，但可以逛得舒服，又有座位可坐，許多人會來找我們辦活動。」

一櫃櫃分類明確的書籍，整潔地坐在明亮的四方屋裡；原木色系的桌椅，讓顧客可以自在地坐下閱讀，也可以點杯飲料，享受美好的時間。現在的永楽座是第三個家，三度遷徙是為了提供顧客一個更舒適的藝文空間。

從向田邦子看永楽座

由於店名叫「永楽座」，二〇一三年，石芳瑜在昔日的大稻埕又開了一家分店，希望能夠提升當地的閱讀風氣。奈何過去的人文風氣不再，她種下的閱讀種子終究無法綻放出心中期待的花朵。

「大稻埕是台北文化發展較早的地方，不過我真的經營得很痛苦，那個時代已經不復返了。」在採訪之際，石芳瑜坦言當地買書的人不多，還需要一點時間觀望如何走下去，沒想到兩個月後保安店還是難逃結束營業的命運。

所幸觀察是石芳瑜的生活樂趣，她會觀察自己、觀察別人，觀望這個世界與人類的互動和發展。

「其實閱讀也是一種觀看。」石芳瑜以向田邦子的寫作風格來觀察自己和永楽座。「向田邦子的散文很溫暖，但小說卻很犀利，人物比較殘缺，因為她本身是第三者。像她在《父親的道歉信》中寫回憶，對於人性的觀察入微，刻畫出雖不完美但有溫度的人物。我覺得一個作家應該要有兩面，我相信很多女人包括我自己也有兩面，有溫暖也有冷眼之處。」

所以在石芳瑜的眼裡，永楽座也有兩面，她以「冷熱交織」來形容她營造的空間——這裡不會讓人不能接近，但也沒有必要太熱情，和客人保持適度的互動與距離。寧靜的夜晚，愉悅的樂聲餘音繞梁，客人輕輕踏入溫柔的書香世界，店主轉身出去吹吹風，把空間留給客人與書約會。

石芳瑜

輔仁大學圖書館系畢業後,赴美讀傳播藝術,曾任職公關公司,回歸家庭主婦十三年後重出江湖開書店,曾得過時報、林榮三、BenQ 真善美等文學獎,並著有《花轎、牛車、偉士牌:台灣愛情四百年》,以女性的角度透過不同時代的人物,從愛情的觀點去探究社會的演變。

茶 話 本 事

Q:如果能重來,會想再開書店嗎?

A:會,如果有一天不做了,是因為退休或踏上新的旅程。

Q:什麼書對妳影響最大?

A:白先勇的《臺北人》,我喜歡研究各時代的愛情故事,這本書讓我見識到短篇小說的魅力。

Q:若有人想開書店,妳會建議對方必讀什麼書?

A:石橋毅史的《書店不死》,大家經常會把書店理想化,但是開書店其實也有很多辛酸,這本書真實反映出經營書店的環境。

Q:最喜歡的東西是什麼?

A:衣服和書,反映自己重視外表也重視內涵。

Q:理想中的書店是什麼樣子?

A:在堅持原則的同時,能夠隨著時代改變調整方向。

荒野夢二

街角一家宛如家常菜的書店

空間本事

店　　主｜銀色快手
創立時間｜2013 年
地址電話｜桃園市中正二街 28 號
　　　　　03.337.9396

營業時間｜週一～週四 13：00 ～ 20：00
　　　　　週五～週日 13：00 ～ 22：00
營業項目｜二手書、新書、文具雜貨
特別服務｜展覽、講座

人要在外面到處漂流，最後才能走到最深的內殿。

——泰戈爾

荒野夢二是一家在旅途中發想的書店，喜歡旅行的作家夫妻銀色快手與沒力史翠普，在日本逛古書店的時候萌生這個念頭。

這不是他們第一次開書店，許多人都懷念曾在台北師大路開了一年的布拉格書店，但是這一次他們開在桃園，風格也有別於過往的人文氣息，有一股反璞歸真的感覺。

「這次的想法和之前很不一樣，我們想要一間工作室兼書房，能把起居和工作分開。」居住桃園的銀色快手說，這一次他們選擇在自己熟悉的街道上開一家社區書店，若以炒菜來比喻，他們要炒的是平實的青菜，保留原始甘甜、清脆的滋味，因為比起大魚大肉，這才是最不可或缺的家常菜。因此，荒野夢二沒有華麗的裝潢，開放式的空間，入口處擺著一些可愛的文具雜貨，隨意堆放的書櫃以二手書為主，店內深處則是夫妻倆的工作室。

「我太太想開的其實是文具雜貨鋪，但我們不太可能開兩家店，所以就將書店與文具店合併。」鶼鰈情深的銀色快手說，荒野夢二這個店名就是他們倆想法的合體，「荒野」取自於《霍爾的移動城堡》中的荒野女巫，因為沒力史翠普覺得荒野有無限想像的空間，可以是一片荒蕪，也可能生機蓬勃；而「夢二」則是取自於銀色快手喜歡的竹九夢二，同時也代表他對日本文化的喜愛。

「這家店走的是京都風，京都、大阪有很多像我們種型態的小書店，店主對於選取的物品有自己的喜好，如書架的配置、雜貨陳列的方式、選書的方向、與客人之間的互動等，它未必裝潢得很美麗，但令人感覺舒服。」身兼日文翻譯的銀色快手指出，日本有很多小書店是如此經營，荒野夢二是他在日本走訪了許多書店之後，以自己的感覺來實行。

定位在社區書店，身材略為圓潤、雙眼細長、蓄著小鬍子的老闆表示，荒野夢二與當地人的關係比較緊密，所以在選書上也突破以往的做法，除了人文相關的書籍，還多了一點生活實用類的書，亦即大家在生活中比較會需要的書，心靈勵志、存錢理財、健康保健、飲食養生、親子繪本等。同時，從店名就透露著濃濃日本味的荒野夢二，自然也備有相對齊全的日本相關書籍，包括文學、旅遊、雜貨雜誌、生活類的書等。

藉由生活的分享，與人互動

　　參照日本小書店的經營模式，銀色快手認為，獨立書店多少隱含著社會責任，因為開了店就會跟居民互動，有一種希望提供更多服務並且傳遞文化的使命感。

　　因此，荒野夢二會不定期地辦活動及展覽，每個月至少會有兩、三場，不過最重要的互動管道是店裡發行的雙月刊。

　　銀色快手所謂的雜誌並非裝訂，而是猶如加上封套的 DM 紙本，內容以生活方面為主，但最特別的是作者群是荒野夢二的客人，因為他們想藉由生活的分享與客人實質地互動。

　　「客人的行業種類其實比同好的朋友更多元，我們會請熟客依據他們的專長寫專欄，例如有一位在啟智學校教書的客人，她的專長是烘焙，我就請她寫如何做果醬。」銀色快手表示，他自己會寫店長日記，太太會寫散文，客人與老闆共同創作是一種很好的互動方式。

　　「透過雜誌，大家也會知道我們不只是一家書店，也做出版。」曾經從事出版的銀色快手說，未來他們不排除以荒野夢二的名義再從事出版，所以這個雙月刊算是前置作業，先找到讀者群，之後再販售他們自己的出版品會更容易些。

「我們夫妻都很愛寫作，日本有很多書店老闆也會寫書，把小書店的故事透過文章介紹出去。我也想分享開書店的快樂，以及許多想不到的可能性。」

雖然開書店有許多樂趣，銀色快手坦言經營一家獨立書店不容易，尤其像荒野夢二這樣一家二手書與新書混雜的店，新書更是難以與大通路抗衡。

「你可能高高興興地選了新書，但是沒有人要買。」銀色快手說，博客來都打七九折了，可是他只能給九折，在一家以二手書為主的店裡，客人比較不願意用較高的價錢來買新書。

此外銀色快手也指出，其實書店是一行看天候吃飯的行業，因為書店不似飲食店，肚子餓了就會去吃，在現代人的生活裡，看書在休閒類別裡是敬陪末座，天氣若不好，沒人會特別出門去逛書店。「開書店最怕遇到連續的壞天氣，像二月有好一陣子又溼又冷，完全沒有客人上門，生意也明顯下滑。」

不過二〇一三年才開業的荒野夢二算是很上軌道，銀色快手原先僅抱著能繳房租就好的心態，不過真正開下去後才發現，桃園的讀者比他們想像得多，在這裡客人可以便宜買到他們想要的二手書，如果天氣好的話，生意都還算不錯。

女主人沒力史翠普想開的其實是文具雜貨鋪，所以就將書店與文具店合體，成為「荒野夢二」。

閱讀，開啟夢想的一扇窗

「我們店滿有趣的是，有時會連著幾天只有來買文具的客人，但到了假日書又賣得不錯。」喜歡觀察客人消費型態的銀色快手笑著說，許多獨立書店將理想擺第一，過去他也有一點知識份子的高傲，總是依照自己的喜好選書，客人愛買不買都無所謂。而今他的經營方針是以服務優先，會依照客人的喜好選書。「我今年四十一歲，經歷過性格上的變化，興趣從書轉成客人，因為如此，我看大量的消費心理學叢書，看客人的消費行為與店裡的商品有什麼微妙的互動。」

是什麼樣的因素，讓銀色快手從一位心高氣傲的文青，轉變成為眼前這位自稱「裝可愛的大叔」？二〇一二年，銀色快手夫妻大膽實踐了一個所謂的人生大夢——賣掉在新店精華地段的小套房，花了五個月的時間去環遊歐洲及日本、韓國。這趟沒有計畫的放空之旅，讓他發現原來最有趣的風景是人。

「這也是我想開書店的原因之一，因為我發現書店的存在其實是因為人，這家書店是我實踐生活的方式。」銀色快手感性地說，他希望店裡的書和商品能夠帶領客人進入不同世界，開啟不同想像的一扇窗，因為如果一本書純粹只是知識的閱讀，那麼連鎖書店和獨立書店也就沒有差別。「這就好比很多客人無法長期旅行，卻會買一些旅行的書來療癒、安慰自己，大家其實是透過閱讀去完成一個夢想。」

銀色快手
一九七三年生於新北市永和，身兼詩人、日文譯者、文化
評論家。

茶 話 本 事

Q：鎮店之寶是什麼？
A：詩集、珍貴的日本攝影集。

Q：最喜歡什麼書？
A：夏宇、羅智成的詩集。

Q：哪本書對你影響較深？
A：松浦彌太郎的《最糟也最棒的書店》，以書店做為生活態度，這是出版品第一次出現
　　這種書的類別。松浦彌太郎從創業這件事延伸成為一種生活方式，所以後來出了許多
　　療癒、勵志的散文。我現在對人很有興趣，這本書可以總結我現在對書店的想法，當
　　你可以選擇新的生活方式，很多人生的可能性也會隨之而來。

Q：經營上是否面臨什麼樣的困境？
A：我們是靠一群穩定的熟客在支撐，也許真的課題是如何提升來客率，希望能細水長流
　　為在地的客人服務。

Q：如果以一句話形容自己的書店，你會怎麼形容？
A：「柑仔店」，不侷限範圍，看能提供什麼服務就提供。

讓自己跟地球一起美好的書店

伊聖詩私房書櫃

空間本事

店　主｜黃禹銘
創立時間｜2011 年
地址電話｜台北市新生南路三段 22 巷 7-1 號

02.2362.1134

營業時間｜10：00 ～ 21：30
營業項目｜環保、文學、藝文與生活美學的新書
特別服務｜咖啡、輕食、展覽、藝文活動

微風吹過，庭院裡的芒果樹散發出淡淡清香，大地色系的店裡飄過陣陣咖啡香，各式各樣標榜著無添加烘焙的麵包聚焦在一排白色紙燈下。在開放式廚房的旁邊，有一面黑鐵書架環繞的書鐘，透露著這個舞台真正的主角是書本，圖書區裡陳列著關於環保、文學、藝文與生活美學的書籍。

二〇一一年，伊日股份有限公司在新生南路一個老房子裡，打造了融合劇場風格與時尚環保設計的藝文空間，在其中上演的定目劇「伊聖詩私房書櫃」蘊含著多重的祝福，除了紀念旗下的伊聖詩芳療生活館邁入十週年，同時也是獻給台灣的文化禮物，以及送給大家的慢活空間。

「我們想在十週年的時侯做一件不一樣的事。」在黑色書鐘旁的座位，平易近人的總經理黃禹銘帶著感恩的心情，解釋伊聖詩私房書櫃成立的來龍去脈。

二〇〇一年，當伊聖詩的第一個專櫃在微風廣場設立的時候，它只是一個位於角落的小小專櫃，這些年來它一點一滴地茁壯，慢慢發展成為全國性的品牌。一路走來，一直有許多想法，也參與很多公益活動，例如贊助台灣的農夫市集或自然農法的小農，但是這些理念很難在百貨專櫃跟客人深入分享，所以他們的答案是開一家以環境議題為主題的獨立書店。

「如果我們有一家小小的書店，裡面選的是我們喜歡的書，就能夠透書店與消費者有更清楚的對話，讓消費者理解他們支持的品牌更完整的想法是什麼。」黃禹銘充滿理想地說。

一家公司願意以書店來紀念旗下品牌十週年的里程碑，已經夠浪漫了，沒想到眼前這位人高馬大的總經理還有更夢幻的堅持：一定要帶院子。

搶救芒果樹

在寸土寸金的台北，要找到附有庭院的物件並不容易，在歷經幾番波折

之後，黃禹銘竟然為了一棵芒果樹，甘心入駐一個到了夜晚四周就一片寂靜的巷內老屋裡，不過這也充分展現出伊聖詩愛地球的風範。

想像一棟四十多年的老建築，陰暗的房屋裡散發著刺鼻難聞的霉味，院子裡沒有漂亮的草皮，取而代之的是鋪上一層厚厚水泥的停車空間，靜謐的夜晚，路上沒有行人，四周一片漆黑……這樣的環境，本來並不適合開店，黃禹銘原本打算放棄，卻在離開前看見一棵掛著「台北市受保護樹木」牌子的芒果樹，冥冥中觸動了他的心。

在好奇心的驅使之下，黃禹銘第二天進辦公室後開始查詢關於那棵老樹的資料，發現由於老樹的生長環境受到限制，所以調查員對它的未來並不樂觀。

「這棵老芒果樹被水泥壓著一定很不舒服，所以它的樹根開始隆起，樹枝上面繞滿第四台的電線。當時我很衝動地跟同事說，我決定要租昨天看的房子！」黃禹銘輕輕笑著說，當時同事聽了都嚇一跳，勸他要三思，因為那個空間如果要整理，不但費力花錢，而且那條巷子晚上真的很陰暗。「我說沒關係，反正開書店已經是很冒險、很浪漫了，如果做這件事的同時還可以救一棵老樹，我覺得是很棒的一件事。」

無可否認，從某一個層面，黃禹銘略帶瘋狂的浪漫，是因為背後有企業支撐，一般人沒有相同的優勢。然而，也不是每個企業都願意如此回饋社會，走一遭充滿藝術感的伊聖詩總部辦公室，就能感受到這是一家落實生活美學與環保概念的公司。

年輕的伊日企劃專員邱翰中說，伊聖詩的氛圍跟一般的辦公室真的很不一樣，總經理也很特別，還會煮飯給員工吃，每天輪一組「值日生」，和老闆一起在廚房裡洗菜、切菜、烹調，傳統的上班族很難想像這種幸福感。

對此，身為「一家之主」的黃禹銘微笑解釋，從生活中最基本的飲食開始，他希望大家在一起不只是工作夥伴而已，還可以一起做有意義的事，並

且互相影響。

「我不希望我們只是一個會對客人說愛地球的品牌，我覺得表裡合一很重要，所以花很多經費在員工教育，持續辦關注地球的課程，因為我覺得當一個人關注地球的時候會很寂寞，但若是有一群人一起關注地球就會很幸福。」黃禹銘進一步舉例說，他們在北投認養了一塊有機農田，所有員工即使是專櫃小姐，也要脫掉高跟鞋，雙腳踏入水稻田裡，彎下腰來插秧、打穀、收割。

環保的種子

是什麼樣的因素，讓黃禹銘創造出如此與眾不同的社會型企業？黃禹銘說，最初的種子是 Ben & Jerry's。美國知名冰淇淋品牌 Ben & Jerry's 是一家社會型企業，尤其在二十年前當他第一次讀到 Ben & Jerry's 的書時，許多的想法就開始在腦海裡打轉。

「你並不清楚是在何時悄悄種下那一顆、兩顆、三顆種子，有一天你忽然發現變成一座小花園。Ben & Jerry's 對我是有影響的，但另一個對我影響更大的其實是 Escents。」黃禹銘指出，Escents 是一個加拿大的香氛品牌，十四

生活美學是每一個小小環節的堆積，來到這裡，可以買到安心食用的麵包、飲料、蔬菜，看到賞心悅目的展覽，更可以閱讀到許多充實心靈的書。

年前公司想要發展新的香氛產品，他花了好幾個月的時間，找了十個品牌去比較，並且了解代理的可能性，最後代理的 Escents 形成了今日的伊聖詩。

「十幾年前，Escents 就只賣產品不賣包裝，我被這點打動了，因為所有原料來自於綠色植物，不賣包裝只賣產品應該是天經地義。當時我代理這個品牌，就希望伊聖詩是一種身心靈的綠色光合作用，讓自己跟地球一起美好的生活美學。」黃禹銘說，伊聖詩在那個時候就定調，所有的文宣一定用再生紙、環保油墨，這些也許現在聽起來像是普世價值，但在十幾年前卻是先驅。

多年來，伊聖詩以台灣為起點，響應了許多國內外愛地球的活動，例如自三年前開始，他們每年會捐一口井到第三世界的國家，因為一口井能幫助一個村落在未來的二、三十年不會有缺水的問題。

觸動心弦的生活細節

「愛地球不能勉強，我們的活動是採自發性的，但是幾乎每個員工都會參與。」想法堅定、作風溫和的黃禹銘說，就像這家書店，他們也不稱書店，而是書櫃，因為他們只會挑選自己喜歡的書，所有的書都跟環境、真正的食物、美學或文學有關。

「我們訴求的是真正的食物和紙本閱讀。」伊聖詩私房書櫃的麵包、飲料來自伊日旗下另一個品牌——日光大道健康廚坊，強調無添加烘焙及有機咖啡、茶飲。從小就喜歡閱讀的黃禹銘表示，客人要將這裡當作飄著咖啡香氣的書店，或者是充滿閱讀機會的咖啡廳都可以，他們會將咖啡區設在前區，書櫃設在裡面，主要是希望給客人一個相對安靜的閱讀空間。

「我鼓勵客人坐在這裡看書，網路無法取代紙本閱讀的溫度。」黃禹銘大方地說，他們不怕客人在店裡閱讀，萬一新書被客人不慎翻舊了，他們就

會擺到門口的二手書櫃裡，客人如果有看到喜歡的書，可以拿自己的書來交換。

「也有人問過我，這樣要怎麼賣書？可是我覺得我們真正的商品是閱讀，不是賣書。」黃禹銘認為，好書應該要不斷地被閱讀，每次重新再看都會有不同的感受，例如他很喜歡向田邦子的作品，所以二〇一四年年初麥田出版又出了《女人的食指》的時候，他就很高興。

「向田邦子的文字很溫暖，人生裡再小的事情，她都可以寫得讓人熱淚盈眶，我覺得她好厲害。」提到閱讀連眼神都閃著笑意的黃禹銘說，向田邦子有一篇文章是關於海苔壽司的尾端，大家都喜歡吃壽司的中端，可是她卻喜歡吃尾端，因為尾端的飯量最少，他很欣賞向田邦子敏銳的觀察力。

感覺上，黃禹銘本身也是一位觀察入微、注重小細節的人，他點頭同意地說，讓他很有感觸的人事物，往往是生活上的小事情。例如在書店裡，有時候黃禹銘會看到跟著家長來的小朋友很認真地閱讀，每次只要看到這樣的畫面，心裡就會想，或許這孩子將來長大會很了不起。黃禹銘很高興在那孩子的成長過程中，這裡曾經是他家附近的一家書店。

伊聖詩私房書櫃店內的芒果樹。

「妳看，就是這種向田邦子式雞毛蒜皮的事情會讓我很有感覺。」黃禹銘說，他覺得向田邦子教了他許多做人做事的道理，不過閱讀是潛移默化的影響，很難說明是哪一句話或哪一段文章影響到他。「這就像你在做一道料理，例如紅酒牛肉，其實需要很多的調味料，可能還有其他的蔬菜食材，最後成品是紅酒牛肉沒錯，但其中不只是牛肉這個食材。這就是為什麼我們覺得開一家書店很重要。」

生活美學是每一個小小環節的堆積，所以伊聖詩私房書櫃所推廣的環保愛地球，不在於一些冠冕堂皇、你我卻做不到的口號，而是落實在每個人都能感受的日常生活當中。來到這裡，你可以買到令你安心食用的麵包、飲料、蔬菜，能夠看到賞心悅目的展覽，更可以閱讀到許多充實心靈的書，一點一滴讓生活更加美好。

人 物 本 事

黃禹銘
生活家、藝術愛好者、環境愛好者，同時也是快樂麗康關
係企業伊日股份有限公司的總經理，旗下有伊聖詩芳療生
活館、日光大道健康廚坊、COYUCHI 優居寢具三個品牌。

茶 話 本 事

Q：開書店的樂趣在哪裡？

A：讀者的肯定是不可言喻的成就感，那種開心比一個月可以賣幾本書更重要。

Q：最難忘的人事物是什麼？

A：書櫃的書都是精挑過的，我曾碰過一位台大的女學生來買書，一口氣買了十四本書。
　她對我說，她覺得這裡比誠品還要好逛，因為在誠品她會找書找到迷路，可是來這裡，
　她不用再去挑書，只要照著我們的書架拿就好。

Q：如果以一個詞形容自己的書店，你會怎麼形容？

A：生活感。

鄉野裡的書田

小間書菜

空間本事

店　　主｜彭顯惠
創立時間｜2013 年
地址電話｜宜蘭縣員山鄉尚深路 124 號

03.922.0781

營業時間｜週三～週日 10：00 ～ 17：30
營業項目｜以文學、小說為主的二手書
特別服務｜友善農作物、農村文創、以書換菜、
　　　　　兒童圖書室、講座活動

翻開一本書、淺嚐一口咖啡，好書搭咖啡的畫面似乎再和諧、再愜意不過了。如果將畫面換成書本與蔬菜呢？

在田園環繞的宜蘭縣員山鄉，空氣間處處散發著蔬菜的芬芳、稻米的清香，卻難以尋覓文房裡的書卷味，就連計程車司機也說，沒聽說這一帶有書店。外觀是一間六十年的老穀倉，二〇一三年年底才開幕的小間書菜，乍聽之下比較像是一家賣蔬菜的店鋪。

「是書本的書。」電話中，老闆娘彭顯惠對著打電話來詢問有機蔬菜的客人解說店名。小間書菜，顧名思義就是一家有書有菜的小店，除了沿壁陳列的書牆，也直銷當地小農的新鮮蔬菜、稻米，以及手工文創商品，希望能夠提供一個平台。來訪當天，穀東俱樂部發起人賴青松正巧拿了一隻當地小農以廢鐵做成的白鷺鷥來店裡擺放寄售，店裡也有一櫃書是他的專櫃。

「賴大哥中午還會回來吃飯，倆佰甲的楊文全大哥和其他小農也會來。」接近中午，彭顯惠走到隔壁的廚房生火起爐、準備做菜。

這間昔日的老穀倉，今日分成三個區塊使用，書店的空間莫約十二坪大，從裡面的一扇小門可以通往中間的廚房食堂，左邊的區塊是讓小朋友讀書、寫功課的兒童圖書館，小間書菜的講座、活動也會在那邊舉行。同時，這裡也是倆佰甲的聯絡處。

倆佰甲是一個促進蘭陽平原友善耕作的新農俱樂部，彭顯惠將它比喻成「培育友善小農的學校」。何謂友善農業？半路出家當農民的彭顯惠解釋，有機與友善的分別，簡單來說，有機主要是以人吃的東西為出發點，不能有害蟲，因此種植有機蔬菜往往會使用溫室，然而建溫室會動到土地，過程中可能多少會破壞原生青蛙、水鳥的棲息環境，而友善農業則是包括整個生態環境的保護，不使用農藥、不用化學原料、也不用除草劑。

一年多前，來自台中的江映德與彭顯惠夫妻加入了倆佰甲的行列，一位樂在農耕，一位實現了開書店的夢想。

「我先生當了十九年的工程師，開始有一種中年男人的迷惘與危機，常

聽到公司裁員，年終、分紅都減少，開始去思索自己的人生目標與期望。」
在傳統的農村廚房裡，彭顯惠一邊切菜一邊說，台灣很多男性都是這樣，為
了小孩、為了家庭去工作，把自己弄得很累，家庭生活也出現瓶頸。

「台中市有一個市民農園，那時我們在因緣際會下租了一塊地，我先生
開始種菜後，發現他在土地裡工作比坐辦公室開心，就想也許可以從事友善
農業。」彭顯惠笑著說，那時他們種的菜自己吃不完，就寄給台北的朋友，
結果朋友竟寄了兩百元的買菜錢給他們，讓他們受到鼓舞。「起初我先生有
些猶豫，擔心養不活家人，後來我告訴他，我們家就是花在冒險的成本太少
了，既然工作不開心，還不如放手去冒險。」

在彭顯惠的支持與鼓勵之下，江氏夫妻將台中的房子賣掉，全身投入友
善農業，並選擇在宜蘭生根，因為他們覺得在這個地方，無論是政府還是民
間，對於友善農業的著力都很深。此外，宜蘭一年只有一期稻作，讓他們可
以前半年種米，後半年專心服務客戶，很符合他們想要自產自銷的理念。

不過心直口快的彭顯惠坦言，起初他們找田地並不順遂，因為大部分的
地主都不願意將田地交給外地人耕作，擔心他們會撐不久一走了之，擺爛田
地，直到他們接洽了倆佰甲的發起人楊文全。

「楊大哥給了我們零點四分、也就是約七、八十坪的田地，試種看看。
因為他，我們才進入農業。」彭顯惠感恩地說。

瘦瘦高高、戴副眼鏡、長得一臉斯文相的江映德怎麼看也不像農夫，剛
來的時候，也有許多人不看好，但是四十三歲的江映德在與大地的對話中重
新認識自己，找到了快樂的根源。「我先生來這邊激發出的能量，是我們結
婚前七年我不曾見過的，包括負責任的態度，以及想做事的渴望。」

午餐的時間，一戶戶的小農紛紛到來，大夥一起用餐的食堂，反映著農
村和樂的團體生活。這間荒廢多年的老穀倉，原本是倆佰甲租下來打算做成
儲米倉，可是隨著倆佰甲的茁壯，農夫變多了，米也放不下了，所以成就了
彭顯惠開書店的夢想。

彭顯惠與書的淵源，要從她小時候說起。年幼時她曾因心臟開刀住院，陪伴她度過病痛時光的是一套又一套的兒童圖書，也因此養成了她閱讀的習慣。曾在重慶南路的書店打工，店裡有很多藝術方面的書，感覺上好像是在彰顯老闆娘的理想和精神，當時她就希望自己有朝一日可以開一家寧靜的書店。後來，她踏入平面設計的世界，因而接觸到裝幀，更覺得書是文字與視覺設計融合的美麗產物。

「我從書裡面的文字看到外在的裝幀，對書更加喜愛，我覺得世界上沒有一個東西能結合得那麼完美。」彭顯惠對書的喜愛，可以從她幫客人結帳時依依不捨的態度看出來。遇到自己喜歡的書，她會特別拿起來翻兩下，告訴客人說，這本書真的很好看。

因著彭顯惠對書的情感，小間書菜從選書到標價都是隨著她的喜好，書櫃上以她最愛的文學類居多，她愈喜歡的書定價愈高，甚至有些書是非賣品。

「真的很討厭，我的店裡有很多非賣品，因為很多書我都想要自己留下來，有些客人會覺得老闆很機車，很生氣地問我不賣放在上面做什麼，可是我就是覺得要擺著。」彭顯惠自嘲地說，會開二手書店的人本來就是有自己的想法和偏好，也許因為年齡的關係，現在吸引她的書都是以前看過的書。

「我覺得一本好書不會因為時代而貶低價值，反而在不同的年齡閱讀會有不同的感覺。」彭顯惠說，她最喜歡的書是蕭麗紅的《千江有水千江月》，

小間書菜，顧名思義就是一家有書有菜的小店。

二十歲閱讀，看到的是貞觀與大信之間含蓄的愛情，可是到了三十、四十歲做了媽媽，會開始看到裡面的姑姑、阿嬤說的一些話，像是閩南語說的「入山聽鳥音，入厝看人面」，小姑沒有夾菜時，妳就是不可以先吃。「尤其是來到農村以後，有些情景和書的情境又會不謀而合，就會想要再拿出來看。」

以書換菜農村樂

開在翠生生的田野鄉間，小間書菜除了賣菜，還有一項獨特的特色，就是以書換菜、換米。這種以物易物的收書方式，對於一般二手書店來說可能無法維持，但是對於小間書菜而言，卻是綽綽有餘。

「而且有時會收到一些出版沒多久的書，心裡會滿感動。」彭顯惠說，每次收書都會有一些驚喜，收到有年代的書又是不同的樂趣，像她之前收到一本杏林子的《生之歌》，是一九七四年出版的，雖然已經滿破舊，而且裝幀也很醜，但就是有一種古樸的味道，也是她的非賣品。

至於一本書可換多少菜，開朗的彭顯惠又是一陣哈哈大笑。「老闆娘不負責任的方法，就是你拿過來討價還價，看要換多少菜，如果你拿太多我就會阻止你。不過目前為止我覺得大家都很善良。」

彭顯惠解釋說，一袋菜可能幾十塊，問題是很難用等價去評估一本書，因為書很主觀，每一個人的口味不同。「為什麼一本很新的書，有人會拿來換，因為那可能不是他喜歡的，卻很可能是我喜歡的，所以我們這裡完全沒有門檻和規則。」出身台北、嫁到台中、移居宜蘭，返璞歸真愛上農村生活的彭顯惠表示，以物易物是農村的趣味，今天你給我蔬菜，明天我拿菜脯回禮。她會想讓客人以書換菜，是希望提供大家一個了解友善農作物的平台。

「很多人對於有機或友善蔬菜不了解，我希望這是一個入門，你拿你的書來換一些菜，品嚐有機或友善蔬菜的味道，如果喜歡，希望你可以回過頭來支持友善小農。」她誠摯地說。

彭顯惠

台北人，原為平面設計師，結婚後搬到台中夫家。丈夫江映德在任職工程師十九年後，開始重新思索人生目標，偶然的機緣發現種菜的樂趣，夫妻倆決定帶著一雙兒女搬到宜蘭從事友善農業，彭顯惠並實現了開書店的夢想。

茶　話　本　事

Q：鎮店之寶是什麼？

A：店狗江春熊，牠是我領養的哈士奇。

Q：如果以一句話形容自己的店面空間，妳會怎麼形容？

A：黏土空間，彈性很大，看當地需要什麼，大家一起塑造。

Q：開書店的樂趣在哪裡？

A：會收到一些有趣的東西，認識一些特別的人。

小間書菜獨一無二的特色，就是以書換菜、換米，以精神食糧換取真正的食物。

稲田裡的迷人書香

晴耕雨讀小書院

空間本事

店　　主｜洪毓穗

創立時間｜2013 年

地址電話｜桃園縣平鎮市福龍路一段 560 巷 12 號

　　　　　03.450.6377

營業時間｜週三～週五 10：30 ～ 19：30

　　　　　週六～週日 10：00 ～ 21：00

營業項目｜生活、藝文、旅行、自然、心靈、手作、

　　　　　文學類二手書、新書、獨立刊物等

特別服務｜茶飲咖啡、包廂場地租借、藝文活動、讀書會

來到桃園南端的龍潭，計程車奔馳在稻田環繞的省道上，司機先生懷疑地問：「小姐，妳地址沒抄錯嗎？這裡真的有書店嗎？」問得我也忐忑不安，不知道自己會被載到哪裡去。

二〇一三年才開幕的晴耕雨讀小書院藏身在綠油油的稻田裡，寬闊的庭園、鋪蓋瓦片的木屋、香濃的手沖咖啡，走進如此愜意的閱讀空間，有一種偷得浮生半日閒的感覺。

素顏戴眼鏡、微捲的秀髮披肩、身穿寫著「晴耕雨讀」綠色圍裙的老闆娘洪毓穗是龍潭媳婦，原本在台中工作的她，結婚生子後搬回夫家，在家人的支持下開了夢想中的書店。

選擇在四處稻香的龍潭曬書，洪毓穗表示，一方面是可以顧及小朋友，一方面是想開一家不同於都市的書店。「都市的書店可能比較華麗、人潮也比較多，但是我們想要有庭院、有花草，無論是在環境上或是理念上都能落實晴耕雨讀的概念。」她說。

晴耕雨讀是三國時代諸葛亮躬耕於南陽時，晴天外出耕作，雨天留在家中讀書的生活理念，洪毓穗表示，她嚮往這種簡單的生活，也許物質不是很豐富，但是心靈卻很踏實。

「我想傳達給客人的是，要勞動同時也要照顧心靈。我覺得現代人就是按照社會的規範不停地在工作，內心卻很空虛。我想要有一個地方讓大家的心靈可以休息，有任何疑問可以從書中去尋找答案，庭院的花花草草也可以療癒人心。」洪毓穗認為書是很好的朋友，對做菜有疑問時可以翻食譜，對人生有疑問時可以翻心靈書籍，無論遇到任何疑難雜症，都可以從書中尋找答案。

晴耕雨讀小書院的書架上，大約有四成新書、六成二手書，洪毓穗表示，新書比較能夠反映店家的風格，因為她可以挑選一些與她理念相近的書，包括旅遊、飲食、手作、花草、文學、圖文書等偏生活風格的書，而二手書則

要看能收到什麼書，通常以國內外的文學書居多。

　　喜歡閱讀的洪毓穗，每天睡前一定要翻翻書，做為一天的結束。她表示人在不同的階段會看不同的書，國中時期的她喜歡看武俠小說、言情小說，高中喜歡看散文，出社會工作後經常看文化、旅遊的書，心情低落時則會看心靈、花草的書。

　　而最近這一、兩年，由於經營書店的緣故，她開始對台灣早期文學感興趣。「開店收二手書必須要知道哪些是經典，才有辦法判斷書的價格，早期文學經常會反映時代背景和社會狀況，像鍾肇政的《魯冰花》描寫的是一九六〇年代的台灣，我沒有經歷過那些年代，只能透過文學去認識。」她有感而發地說，閱讀可以改變許多事情，然而書友難尋，也許你昨夜看了一本好書，隔天進公司卻沒有辦法和同事分享，因為他們在討論的可能是連續劇。「現代人的時間被很多東西瓜分掉，我覺得很可惜，所以想要建立一個能夠分享閱讀的空間。」

以空間和書照顧客人的心

　　標榜著「一家有草地陽光的生活風格書店」，晴耕雨讀小書院不僅占地廣闊，還有庭院，是一個可以讓愛書人暫時遠離塵囂、與書約會的空間。

　　洪毓穗表示，這個地方原本是廢棄的卡拉OK店，她和一群親友們費了很大的工夫重新整理，從花園裡的一草一木到書店裡的書架桌椅，共同打造了眼前的閱讀空間，創造不易，維持更困難。「我們雖然是一家店，但是範圍很大又有庭院，加上我們提供飲料，所以很缺人力。」老闆娘表示，這裡由於地方偏遠，附近又沒有大學，很難請到工讀生。

　　平日的上午，店裡一片寧靜，週末才是晴耕雨讀小書院的黃金時段。選擇開在稻田環繞的小巷子裡，洪毓穗認為地點不是問題，但要有好的理念。

「我的心都覺得要有地方去休息，相信客人也是一樣，我們很用心在整理環境和選書，讓這個空間和書去照顧客人的心。」洪毓穗說，雖然有不少客人來自外縣市，但她相信當地不是沒有人在看書，只是沒有這樣的閱讀空間。

這一天，晴耕雨讀小書院來了新的工讀生，她原本是客人，有時會拿一些書來店裡賣，因為喜歡這個環境，老闆娘又剛好在徵人，於是決定來試試看。「我喜歡書，喜歡咖啡的香氣，而且這裡離家又近。」第一天上工的陳秋萍開朗地說，掃落葉很開心，好像回到台東的阿嬤家，不用一直低著頭打電腦，她很不喜歡人與人之間隔著辦公隔屏那種冷漠、匆忙的感覺。

樂在慢活稻香中

對此，老闆娘也心有戚戚焉，表示自己以前工作繁忙，每天坐在電腦前面打企劃書，總覺得生活不踏實，開了書店後，反而覺得很踏實，就算只是掃掃地、整理環境也很美好，因為她能夠好好感受平凡的每一刻。

來自繁華的都會，洪毓穗坦言剛來到四處田野的龍潭時很不適應，覺得這裡沒有地方逛街很無聊，後來她慢慢發現，只要步調慢下來，就可以享受在田邊散步的樂趣、煮菜的樂趣、種花的樂趣。

標榜「一家有草地陽光的生活風格書店」，這裡不僅占地廣闊，還有庭院，讓愛書人可以暫時遠離塵囂、與書約會。

「在都市我們很容易忽略日常生活上的樂趣，像之前我帶著一歲多的女兒去看插秧，就覺得讓她接觸鄉村生活很好，這是我童年裡沒有的記憶。」

俗話說：「立春天氣晴，百物好收成。」二月是插秧的季節。龍潭有一條育苗路，專門種秧，密集的秧苗看起來像綠色地毯，令人感到幸福。

「他們將秧苗捲起來，像蔬菜捲般一盤盤地送去農家給農夫插秧。我將照片 po 上部落格，很多讀者也都覺得很新奇，大家都沒看過。」洪毓穗笑著說，她經常會把書店或周遭好玩的事寫在部落格與讀者分享。

曾經在忙碌的生活中迷失自我，反璞歸真的洪毓穗在飄著稻香的龍潭，找到理想的生活模式。對她而言，美好的生活就是像現在這樣，每天來店裡種種花、整理環境，提供好書給客人閱讀。

「我喜歡和客人交流開店的事，或許他們也可以從交談中獲得一些勇氣，改變對現狀的不滿。晴耕雨讀指的就是用心工作、好好生活，這種理念很難解釋，所以我們直接用行動來傳達。」她說。

洪毓穗
台中人，原從事行銷企劃，結婚生子後遷至夫家居住的龍潭，在文化部「圓夢計畫」的補助下實現開書店的夢想，傳達晴耕雨讀的理念。

茶 話 本 事

Q：最難忘的人事物是什麼？

A：認同書店理念的客人，都會再介紹客人來，我也經常把每天發生在書店周遭一些好玩的事寫在部落格上，與大家交流。我們從不同的領域跳入書店業，是邊做邊學習，開書店的每一天都有驚喜，例如之前來了一位想辦畫展的小姐，她說想自己做畫框，所以當她得知店裡的書架、桌子都是老闆親手做的，就跑來跟他學木工，諸如此類的小故事很多。

Q：最近喜歡哪些書？

A：齊邦媛的《巨流河》，反映二十世紀的顛沛流離。《編輯樣》是王聰威以雜誌人身分主導《聯合文學》雜誌改版的創意紀錄，從文學雜誌的企劃觀點，可以思考書店的經營模式和活動的規劃。

書架上大約有四成新書、六成二手書，新書較能反映店家的風格，包括旅遊、飲食、手作、花草、文學、圖文書等偏生活風格的書。

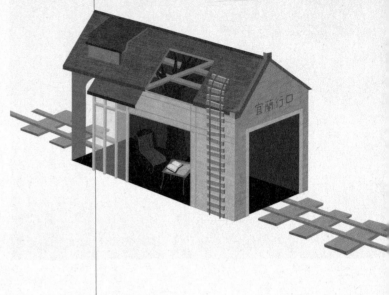

老倉庫裡飄書香

舊書櫃

空間本事

店　　主｜莊家泓
創立時間｜2012 年
地址電話｜宜蘭市宜興路一段 280 號
　　　　　0922.224.810

營業時間｜14：00 ～ 22：00（週二公休）
營業項目｜二手書、少量新書、明信片、文創商品
特別服務｜藝文活動、咖啡點心

窗外的風景從高樓變成田野，走出宜蘭火車站，昔日是台鐵的舊倉庫「宜蘭行口」，今日是文化氣息濃厚的「創創新村」，以創意、創業、創新、聚落的理念，吸引創意青年進駐宜蘭。右轉的第一間倉庫，是一家飄著咖啡香的二手書店，店主是一位三十五歲的年輕人。

「其實我原先有投履歷去二手書店，但因為缺乏經驗都沒有上，乾脆自己來開看看。」身材中等、帶著黑框眼鏡的莊家泓邊煮咖啡邊說，當初他是去上宜蘭縣政府「青年創意產業育成計畫」的課，逐漸萌生開舊書店的念頭，因為他覺得舊書業是一種代表城市文化底蘊和人文精神的行業，希望能透過二手書的再流通，將其中的文化、價值、智慧及感動傳遞給下一位愛書人。

開在色調偏灰、光線朦朧的老倉庫裡，吊著許多燈飾的舊書櫃，給人一種既復古又創新的感覺。

來到這裡，你可以靜靜地與書對話，也可以在沙發區聆聽音樂、享受咖啡，莊家泓表示，為了營造這個空間，他多次前往台南參訪一些開在老房子裡的舊書店，費心去尋找家具、飾品，並且學做咖啡、尋找宜蘭的有機茶，融入一些在地的元素。

定位在人文咖啡，莊家泓坦率地說，比書，舊書櫃比不過專門銷售書籍的店，但它多了咖啡與這個空間，會吸引大家坐下來閱讀；比咖啡，它比不上專業手沖咖啡，但它多了書跟雜誌，這裡有將近四千本書籍，每個月也會辦活動。

「比專門一科我們贏不了別人，但我們慢慢把它綜合起來，比較能加分。」莊家泓笑著說，這些意見是來自客人的回饋，起初他也沒想那麼多，只是按照自己的喜好去收集。「開店就像談戀愛，這個空間會慢慢變成自己興趣的延伸，例如你喜歡那些沙發、燈飾、書籍，因為你整天都綁在這邊，一定要喜歡它才待得下去。」

將店比喻成情人，莊家泓喜歡的內涵是什麼呢？迴盪在空間裡的爵士樂、

點綴牆壁的黑膠、撥打式電話、打字機……這些老古董，有些是昔日的生活記憶，有些是他不曾接觸過的「新玩具」。

喜新戀舊的書店

　　對莊家泓來說，old is new，老的就是新的，因為沒有看過就是新的，所以他也想將這些懷舊的東西分享給新的世代。

　　「那些黑膠是一次去收書時收來的，因為我沒聽過黑膠。那個古董電話是姑姑給我的，有我小時候的生活記憶。」莊家泓說，有些媽媽看到電話會告訴小朋友，以前的電話就是這樣，要用撥的；看到打字機會說，以前沒有電腦，文件要這樣打……每一件老東西都有它的故事。

　　「這是一家喜新戀舊的店，二手書也是這樣，很多書我們沒看過，但內容卻很好，而且價錢又便宜。」不曾從事過圖書業卻勇敢開店的莊家泓說明他喜歡二手書的原因。

　　礙於空間限制，舊書櫃的藏書量不算多，莊家泓表示他們目前規劃了幾個區塊，書的分類主要包括英文繪本、一九六〇年代到八〇年代的文學書及生活休閒叢書等，生活類的新書比較多，因為一般比較難收到這一類的二手書。此外，舊書櫃還有四本一百元、三本一百元及一本四十九元的特價區，以及回饋讀者的漂書計畫，即提供讀者自由索取的免費書。

　　「之前我們都是放在門口給客人自己拿，但是遇過一些狀況，有些奇怪的客人會一次拿很多，甚至連箱子都搬走，好像覺得這樣才賺到，所以我們現在是集中一個月 po 在臉書上，有需要再來拿。」莊家泓說，漂書是希望能讓書再次旅行，將書的溫暖與智慧傳遞給下一位愛書人。先前有一位伯伯來買書，後來又將書回捐，說要參加漂書計畫，這種感覺很溫暖，如此漂書才有意義。

從選書到籌劃活動，雖然舊書櫃是莊家泓的發想，但在和他聊天的過程中，我發現他都會用複數的「我們」。原來，平日店裡雖然只有莊家泓，但到了假日，媽媽、弟弟、妹妹都會來幫忙顧店，在台南的女朋友也很支持他創業。

支撐書店的「扛霸子」

「我女朋友開玩笑說，賣書一塊一塊賺，買書一萬一萬花，橫批是爽快。」說話直白憨厚的莊家泓笑著說，舊書業的困難是買的書永遠比賣的書多，他覺得做這個行業就像背包客出遊一樣，一定要樂觀。

開店不到兩年的舊書櫃還是一家很生嫩的店，莊家泓表示這家店能順遂地成長，特別要感謝四位經常來買書的「扛霸子」。

一位是在地的園藝老師，因為園藝也涵蓋美學，所以除了園藝的書，他也會買一些詩詞、美學或陶藝的書。另一位是從事批發火鍋肉片的老闆，他做公益送書送了十幾年，每次都會來買書送人。還有一位住花蓮的自然科學老師，因為他在福隆教書，所以每個星期天晚上九點半換車的時間固定會過來挑書。最後是一位七十多歲的阿伯，每次都穿雨鞋，感覺上好像剛從田地

◀舊書櫃位在過去宜蘭台鐵舊倉庫裡。

▶店內還包含咖啡空間。

過來，他說買書很好，每一本書都是他的老師。

「每次看到他們走進來，我就感覺這裡很有希望，書真的有人買。」莊家泓哈哈大笑說。

聊及有趣的客人，莊家泓滔滔不絕，他說還有一位老師是他們的「鎮店之寶」，因為他每個星期六都會來，坐在一個固定的位子，隨手拿起擺在店裡當裝飾品的吉他彈。「我們都叫他大風，因為他會把人吹進來。」莊家泓笑著說，那位老師自娛娛人，也算是個特殊的書店風景。

開在火車站旁，舊書櫃占了地理位置的優勢，除了在地客人，也經常有來自海內外的遊客，尤其到了假日，觀光客絡繹不絕，因此莊家泓也會販售一些在地藝術家的作品，希望能藉此促進在地的創作空間，讓這座城市更加豐富。「我有一些朋友在宜蘭做文創，也有人開咖啡廳，徒步就可以走到，未來我希望能將大家串聯起來，做一個小小的宜蘭舊城散步地圖。」他說。

莊家泓

宜蘭人,淡江大學俄文系畢,曾在武陵農場工作,之後赴
澳洲打工度假,返國後參加宜蘭縣政府的「青年創意產業
育成計畫」,因而投入舊書業。

茶 話 本 事

Q:店名的由來是什麼?

A:讓人一看就知道是在販賣舊書的店。其實每個人都會有個書櫃、書架,也許在這裡(別
　人的書架上)會看到、找到熟悉、有意義、未曾發現的書籍 。舊書櫃的名字也是販賣
　一種回憶,以及找書的樂趣。

Q:哪本書讓你印象深刻?

A:國小時,家人買的第一套書《自然圖書館》,讓我和書有了不解之緣。

Q:哪本書對你影響最大?

A:《葉嘉瑩說詩論詩套書》,這本書是對中國古典詩歌的全新解讀,對文字、文學的入
　門很有幫助,提升我對文字的敏銳度。

Q:目前面臨什麼問題?

A:宜蘭行口是縣定古蹟,每三年要重新申請一次,不確定能在這裡開多久,但對於舊書
　店還有許多想法,即使無法續約,也會另尋場地繼續做下去。

高雄在地的民間藝文空間

三餘書店

空
間
本
事

店　　主｜鍾尚恩
創立時間｜2013 年
地址電話｜高雄市中正二路 214 號

07.225.3080

營業時間｜13：30 ～ 22：00
營業項目｜人文閱讀新書
特別服務｜藝文活動、藝術表演

豔陽高照的午後，汽車奔馳在高雄最重要的東西向道路上，這裡有一棟三層樓高的老房子，建於經濟正準備起飛的一九六○年代，其房齡與中正二路的年齡相仿。轉眼半世紀，當一棟棟的舊建築在時代的更迭下被現代化的商業大樓取代時，見證歷史的「二一四號簡宅」是繁榮市區裡難得一見的老房子，昔日的外觀裡飄著濃濃的書卷味。

　　一樓是書店、二樓是咖啡廳、三樓是展演廳，地下一樓還有一個展覽空間，二○一三年新開幕的三餘書店是高雄第一家以人文閱讀、生活創意及藝術表演為主題的獨立書店。如果說出自「讀書三餘」這句成語的中文名稱散發著文藝氣息，那麼英文名稱 Takao Books 則直接反映出店家對古稱「打狗」的高雄的關懷。

　　說到高雄，過去許多人對它的刻板印象是灰頭土臉的工業之都，不過近年來高雄力求轉型，積極擴展藝文空間及在地文創產業，公部門的文化活動更是贏得了居民的喝采。然而二○一三年夏天，在打狗文史再興會社的辦公室裡，卻有一群熱愛高雄的好朋友感嘆著當地民間能量最近十年來的薄弱。就在那一夜，他們決定成立一家能夠凝聚在地精神的獨立書店。

　　「民間創意一定要存在才會多元，我們想開書店，因為知識的源頭在於閱讀，藉由書店做為各種活動的連結是有趣的開端，可以鼓吹更多人一同關心公共事務。」鼻梁前架著一副眼鏡、滿臉書卷味的影評人鍾尚恩是三餘書店的公關，亦是股東之一，這家店是由三位文化人及兩位企業家共同創立，他們關心社會、文學、藝術等各種跨領域的公共事務。

　　身為南台灣的第一大都會，高雄雖然不乏大型書店，卻令人意外沒有具有社會意識的獨立書店。鍾尚恩指出，其實過去高雄曾有以婦女運動為背景的好書店，可惜已於二○○六年熄燈。所以他們希望創造一個高雄人能夠聚集、發聲並詮釋屬於高雄人文精神的地方，三餘書店開幕不到一年已經辦了逾百場活動。

「我們平均每週辦四場活動，有讀書會、電影分享、社會議題、環保問題、小劇場等，範圍真的很廣泛。」辦過電影節的鍾尚恩笑著說，辦活動雖然辛苦，但這是他們的專長，他們知道如何在缺乏預算的狀況下尋求互惠的合作模式。

培養買書不折扣的默契

一家書店可以反映創辦人的個性，打從一開始，三餘書店的定位就很明確，要透過書籍和活動邀約大眾一起為高雄發聲。負責選書的鍾尚恩表示，由於他們關注的領域很廣泛，選書的範圍也沒有類別的限制，不過一定會精挑過，選擇一些能夠培養公民素養的書。強調是高雄人的書店，架上當然也有一些關於高雄議題及在地作者的書。猶如許多獨立書店，三餘書店也很支持獨立出版品。

「獨立出版面臨的問題和我們一樣，他們比較難鋪進大通路，而我們所面臨的是與出版社的合作條件不如大通路。」同為弱勢，獨立書店與獨立出版社互相支持，鍾尚恩指出，獨立出版的詩集在三餘賣得比誠品還要好，因為會來逛獨立書店的人通常也會關注獨立出版品。

正因如此，在誠品、政大、城邦等大書店狹縫中前行的三餘書店堅持不以折扣戰求生存，鍾尚恩淡定地說：「客人與書店要培養出一種默契，如果一本書的定價合理的話，就不應該有折扣。」

本身也寫作的鍾尚恩分析，一個作家也許要花很長的時間才能寫完一本書，而作品要在成冊出版後才有售價，其實他本身拿到不多，出版社也很辛苦，既然定價是合理的，為什麼還要以折扣促銷？他不能理解這個邏輯，也反對這種社會發展模式，所以每次他看到打折扣戰的書店就很難過。

鍾尚恩表示，大家都說開書店是傻子，不會賺錢，所以他們在開店前就

已經做好心理準備。幸虧他們在高雄文化圈耕耘了很久，累積了很多人脈，讀者也能夠接受與支持他們的理念，截至目前為止，書店的經營比預期的好。他們面臨的問題，其實是所有出了台北以外的書店都有的問題——跟經銷商要不到書，跟出版社訂運費高，講座敲不到人來。

「百分之九十的出版社在台北，出了台北，所有的書店都要透過經銷商，如果今天經銷商給的條件比較嚴苛，我們直接去跟出版社談，依然會有多一道運費的問題。」鍾尚恩聳聳肩說，這些問題的根本是改變不了的距離，他們目前經營上最大的困難並不是在書店，而是二樓的咖啡廳。

鍾尚恩坦言，咖啡廳不是他們的專業，但是他們認為書店應該附設咖啡廳，一方面是因為書與咖啡很搭配，更重要的是他們希望未來能夠與農業生產做一些結合，做為城鄉之間的交換空間，讓消費者可以直接認識農夫。

「像現在店內使用的茶葉，就是直接與小農進貨，一方面可以幫助茶農，一方面是給消費者保障，因為我們清楚他們的農法。」鍾尚恩指出，現在有很多食安問題，其實就出在消費者是上超級市場購買生鮮食品，基本上並不了解東西從哪裡來，中介者決定農人的生計及消費者的食安。「我們有很多想法目前還沒有辦法落實，但是我們希望未來二樓能有關懷土地、確保食安的社會功能。」

◀窗外是紛擾喧譁的城市，窗內則是讓人寧靜沉澱的閱讀空間。

▶店狗姆米。

寧靜的力量

　　活躍於高雄藝文界、聊起社會議題就滔滔不絕的鍾尚恩，給人的感覺是開朗、健談，出乎意料地，他竟喜歡閱讀早逝才女邱妙津的散文。

　　「她是用死亡和生命在寫作，因為她的愛情無法得到圓滿。她的人生在一種躁鬱、焦慮中度過，情感的衝擊對她的生命是極大的壓迫，讓她必須用自殺來解決生活中的遺憾。」鍾尚恩笑著說，自己明明很正面、很樂觀，但不知道為什麼，他從小就喜歡閱讀帶有悲傷氣味的書。「像我也喜歡太宰治和三島由紀夫，他們的文學能量都很強。」

　　鍾尚恩說，悲傷時可以安靜、孤單地和自己相處；在擾攘城市裡，與自己相處是美麗、難得的時刻，要好好把握。「如果回歸到最原始的本質，其實每個人都是孤獨的。」

　　或許因為鍾尚恩對悲傷與孤獨的有獨特的體會，問及在書店難忘的人事物，他的回答是：喜歡看著讀者安靜地在窗邊一隅翻書，偶爾抬頭看著窗外車輛往返的情景，他覺得那樣的畫面是一種寧靜的力量。「這種對照很迷人，外面是紛擾的城市，而讀者卻在窗邊沉浸於閱讀中，享受跟自己相處。」他感性地說。

　　隔著一道門，門外是車水馬龍的馬路，門內則是令人沉澱的閱讀空間。如果你來到三餘，不妨也試試在窗邊閱讀，感受一下喧譁與寧靜的對比。

鍾尚恩

在高雄耕耘的屏東人，為當地知名的影評人及文史工作者，曾在公視等媒體任職，是三餘書店的五位創辦人之一，希望能藉由書店關注各種跨領域的公共議題，為高雄提供一個多元的藝文空間。終極目標是回屏東老家種田。

茶　話　本　事

Q：鎮店之寶是什麼？

A：大舞台搶救回來的戲院椅板；有一櫃春暉出版社——高雄在地出版社的書；客人。

Q：哪些作者的風格可以代表書店理念？

A：像駱以軍的作品，他亦莊亦諧，可以很高深，但又可以很親切，文字樣貌多，讀起來卻沒有壓力。還有詩人吳晟，他關心鄉土，以詩對自己的鄉土抒發情感。

Q：開書店的樂趣在哪裡？

A：每位股東可能有不同的想法，對我而言是可以創作。最近同喜文化想重新宣傳之前出的一套 DVD《台灣當代影像——從紀實到實驗》，但他們不可能到高雄，於是我就辦講座。例如像柯旗化，之前雖然知道這個人，但是在開書店後才認真去讀他的作品和歷史，因為要寫一篇文章。開書店的樂趣在於可以創造。

Q：如果以一個詞形容自己的店，你會怎麼形容？

A：「分享」，辦活動也是分享，分享知識。

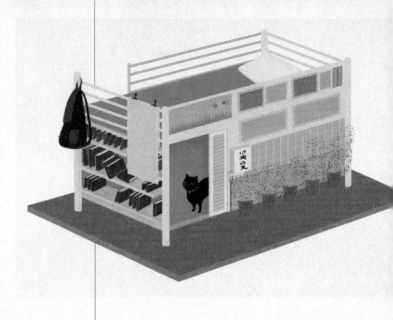

背包客的心靈補給站

晃晃二手書店

空間本事

店　主｜羅素萍
創立時間｜2011 年
地址電話｜台東市新生路 503 巷 8 號

0914.073.170

營業時間｜週五～週一 14：00 ～ 19：00
營業項目｜文、史、旅遊、生活方面的二手書
特別服務｜住宿、講座、藝文活動

或許你也有過這樣的經驗，在背包裡放一本書，走累了，坐下來閱讀，沉澱一下心情。在漫長的旅途中，書是最善解人意的伴侶，不吵不鬧不喊累，需要時拿出來翻一翻，重新充實自我之後再出發，又是一個嶄新的開始。

　　台東市的巷弄裡，有一棟外觀漆成白色的三層樓背包客棧 CatsHomestay，旅人如果想沉澱心情，穿越一樓的吧檯，後面有家小小的二手書店，自稱「小家長」的經營者是一對來自台北的 SOHO 族夫妻。

　　「我們結婚以前就曾討論過，台灣其實很小，我們都是透過電腦接案，不一定要留在台北。留在台北，五年、十年後的模式，我大概都想得出來。」小名素素的羅素萍說，他們是二○○四年移住台東，起初的想法很浪漫，想說接下來也可以到花蓮住個一年半載、南投住個幾個月……結果才第一站就發現搬家很累，也很喜歡台東，就留下來了，後來會開背包客棧和書店，其實就是分享一個空間。

　　「起初開背包客棧是無心插柳。」好客的素素說，他們搬到東部之後，經常會有朋友來訪，有時朋友甚至會帶一群朋友來，可是她不認識朋友的朋友，而朋友的朋友也不好意思住在她家，於是在第三年的時候，大家便討論出一個背包客棧的模式，算是補貼他們一點水電費。

　　「漸漸地，我們也會想要把空間愈做愈好，因為收了錢就不好意思。」素素笑著說，開背包客棧的好處是比較自由，一般客人都是傍晚才來住宿，白天一早就出門，所以他們依然能夠保有自己的空間。

　　而晃晃二手書店，是在背包客棧開了四年之後才實現的夢想。曾經在出版社擔任網路行銷的羅素萍表示，學生時代她讀理科，是在進了出版業後，為了了解產品內容，才開始大量閱讀翻譯文學，啟發對閱讀的興趣。但因熟諳台灣小書店的窘境，因此一直將開書店視為一個遙不可及的夢想。

　　來到台東以後，喜愛文學的素素重返校園就讀台東大學兒童文學研究所，有一次她到嘉義去辦讀書營，順道前往嚮往已久的洪雅書房，完全被老闆的

作風所震撼，從此改變了她的思維。那一天，素素興沖沖地來到洪雅書房，沒想到面對的卻是一扇緊閉的大門，可是網路明明說他那天有開店⋯⋯後來，素素看到門上貼了張字條，上面有老闆徐國信的電話，就打過去詢問。滿腔台語的徐國信說：「妳在門口喔，那鑰匙在外面，妳呷己來，免客氣。」

素素笑著說，當時她就覺得，這位老闆實在是太酷了，竟把書店當作社會運動的基地，除了定期辦活動，副業也很多。她自己來到台東以後，也覺得在這裡生活需要很多副業，洪雅書房的徐國信比她年輕，卻已經營書店多年，而且早已將營利置身於事外，讓她覺得也可以按照自己的步調去嘗試。

因此，晃晃二手書店的營業時間不長，一星期只營業四天，一天只營業五個小時，而店裡收的書，都是依羅素萍個人的喜好篩選。

創意換住宿

「我挑選的方式很簡單，就是選即使賣不掉、我自己也會想看的書。」她一派輕鬆地說。至於什麼是羅素萍想看的書，她坦言其實書的喜好很個人，而且會隨著每個階段改變，她只能說原則上她不收工具書或言情小說，比較喜歡翻譯文學或歷史書。

「我一開始喜歡奇幻，一些比較特別的題材，像《深夜小狗神祕習題》這種有一點懸疑性的小說。最近喜歡看和歷史有關的書，像《青島東路三號：我的百年之憶及台灣的荒謬年代》。」素素分析，雖然奇幻和歷史是兩種不同類型的書，但這可能都跟她從小就喜歡問為什麼有關。為什麼猶太人會被納粹大屠殺？為什麼我們對二二八不是很清楚？每當羅素萍的心中浮起為什麼的時候，她就會去尋找相關的書。

素素也明白，這種選書方式，無法顧及廣大讀者，但猶如她喜歡的兒童文學也是小眾，她所吸引的是跟她相同調性的人。而她的書源，大多來自寄

宿的旅人，因為來到這裡，背包客能夠以書換宿。

「我覺得這樣比較有趣，反正如果有房間，空著也是空著，而我也希望一些朋友能藉由書來交流，到台東旅行。」羅素萍說，她很歡迎大家以書換宿，不過但書依然是，小家長只收自己會看的書，所以在換宿之前，必須先將書單 email 給她。

那麼萬一書單沒能過關的話怎麼辦？沒有關係，想省荷包的旅人也能以工換宿。如果有特殊才藝，甚至可以用辦活動的方式來交換住宿，因為羅素萍希望她的空間可以成為一個創意的交流平台。

「其實我們很感謝素素，他們不是以商業為目的，不在乎活動能不能吸引客人來，只是提供一個空間給大家辦活動、展現才華。」目前在台中文化創意園區任職的蔡佳蓁是羅素萍在台東大學兒童研究所的學妹，她曾經和朋友在 CatsHomestay 辦過幾次音樂分享會，彈彈吉他、烏克麗麗，發表一些自創曲。那是一段令人懷念的日子，厭煩了學術書，就跑到晃晃二手書店去翻閱地方性的旅遊書，在那裡經常可以遇到一些很有趣、有創意的人，還有兩隻可愛的店貓。

「我在店門口放了食物餵街貓街狗，Double 和老大比較親近人，自己會跑進去店裡住，還會知道上班時間到了，跳到桌上給大家讚美，也會在書堆

晃晃是一家可以用書交換住宿的書店。

裡睡覺。」說到貓，羅素萍滿臉笑意地說，很多人都喜歡問她，為什麼獨立書店都有貓，其實他們本來就有養貓，開了書店之後才開始收養有緣的街貓。

光從背包客棧的店名 CatsHomestay 就可以看出，主人很喜歡貓，不過認識素素的人都知道，晃晃二手書店跟貓的關係更加密切，因為晃晃是第一任店貓的名字。

那隻貓是素素的朋友撿到的，因為生病導致耳朵受損失聰，走起路來搖搖晃晃，所以他們叫牠晃晃。當時素素的書店已經營運了半年，都還沒有店名，有一天朋友問她，書店缺不缺店貓，而晃晃來到書店也很自在，所以牠就順理成章地留下來當店貓。

「晃晃，晃晃，我常常叫牠的名字，發現『晃』這個字拆開來是日光，我覺得很台東，所以大家就一致決議將店名叫做晃晃二手書店。」在店裡待了八個月後因為一場意外離開的晃晃，是素素最甜蜜也是最心痛的回憶，每次提到牠依然會忍不住哽咽。「牠離開的那個月，我們辦了一個攝影展，請客人將他們幫晃晃拍的照片寄回來，牠的鈴鐺我也還掛在後面的窗上。晃晃雖然離開了，但是晃晃的精神一直都在。」

來到日光豔麗的台東，走走晃晃來到晃晃二手書店，我似乎感覺到，晃晃的精神涵蓋著素素對於流浪貓狗的愛心，以及書帶給背包客的心靈滋養。本身也喜歡自助旅行的羅素萍表示，她每次出國旅行都會去逛當地的小書店，獨立書店的樂趣在於每間店主有不同的特色、收書的喜好，以及他想呈現的風格，她很享受不同書店帶給她的感覺。

「去年我去日本時，特別去神保町朝聖，看著雜誌中介紹的書店就在我眼前，每一間店收書的風格都不一樣，我很嚮往，希望台東也有愈來愈多這樣的小書店。」期待以書會友、吸引更多有才氣的人到台東旅遊的羅素萍表示，她的小書店只是拋磚引玉，希望更多人在當地開獨立書店，形成一股閱讀與創意的風氣。

羅素萍
台北人,曾任出版社的網路行銷,現與先生兩人皆為 SOHO
族,透過電腦接案做程式設計。二〇〇四移住台東,二
〇〇七年開背包客棧 CatsHomestay,二〇一一年開晃晃二
手書店。

茶 話 本 事

Q：最難忘的人事物是什麼?

A：曾收過一本《未央歌》,翻開來的第一頁,有一位軍官題字,以一手好字寫著他購於
　　金門的某書店,我覺得很浪漫,有一次去金門就特地去找那家書店。找到後有些失望,
　　因為那家店其實主要是在賣阿兵哥用品,不過至少完成了我心中的一個儀式。

Q：鎮店之寶是什麼?

A：貓。

Q：如果以一句話形容自己的書店,妳會怎麼形容?

A：中途的家、有故事的書店。

羅素萍和自由出入的貓都在
晃晃。

旅行者的人文驛站

Zeelandia Travel & Books

空間本事

店　　主｜Vienn Chang

創立時間｜2012 年

地址電話｜台北市青田街 12 巷 12-2 號 2 樓

02.2322.4772

營業時間｜週一～週六 12：00 ～ 20：30

　　　　　週日 12：00 ～ 18：30（週二公休）

營業項目｜旅遊相關書籍、生活雜貨

特別服務｜茶飲、主題活動

漫步在老樹茂盛、日式屋舍零星散布的青田街，隨風飄落的葉子彷彿在傾訴時代的變遷，朦朧的歷史氛圍交織著特色小店的藝文氣息，轉身走進一條中古公寓並排的寧靜巷內，這裡隱藏著一家喚醒探索心的旅遊書店。

　　踏入一棟外觀不起眼的舊公寓，沿著一樓生活雜貨店旁的窄陡樓梯上樓，Zeelandia Travel & Books 是一家過路客不容易發現的主題書店，但也因此多了一種探險的感覺。

　　Zeelandia 是一個穿越歷史的古老記憶，時光回溯到十七世紀，荷蘭人在今日的安平古堡建立了熱蘭遮城，外來政權將台灣推向國際舞台。

　　「我是從《大航海時代的台灣》一書看到 Zeelandia 這個地名，我想這是東西文化互相發現的一個開始，也是一種旅行的氛圍，所以才會以航海時代台灣曾經在地圖上存在的印記來命名。」美麗沉靜的店主 Vienn 說明英文店名的由來，不過中文名稱卻是比較直白的旅人書房。

　　「Zeeland 和旅人的發音很接近。」Vienn 解釋道，選擇音譯是因為熱蘭遮其實就是安平，如果叫熱蘭遮書店，感覺上會像在台南。「這樣也好，簡單明瞭。」

　　的確，旅人書房，一聽就知道是一家旅遊相關的主題書店，這讓我想起電影《新娘百分百》中男主角經營的旅遊書店，雖然劇情是杜撰，但那家店卻是真實位於倫敦諾丁丘的知名書店。旅遊不分國籍，是許多人共通的興趣與夢想。會開這樣的店，Vienn 本身當然也喜歡旅遊。從大學時代就當背包客的 Vienn 原本從事國際貿易，過去因為負責歐洲業務，去過大部分的東歐國家，每隔一段時間，自己也會暫時拋下工作出國充電，從西歐、中國大陸到東南亞諸國，足跡遍及世界各地。

　　「我喜歡的旅遊方式是像當地人一樣生活，所以我不會移動得很快，譬如說我去曼谷，就會待上四、五天，逛逛當地的菜市場，吃吃當地人吃的早餐，從生活的層面去觀察那座城市。」

貼心分類，讓書被看見

　　Vienn 的喜好反映在她挑選的書上，瀏覽架上的旅遊書，很快就會發現，其實資訊類的書籍占的比例並不高，大部分是旅遊延伸出來的議題。

　　「現在旅遊的資訊很發達，許多訊息上網也查得到，關於人文的那一塊才是我想經營的，像『人文居旅』是對於當地社會現象的觀察。」Vienn 指著一櫃標示著「人文居旅」的書說。

　　一般書店的旅遊叢書多以國家或地理分類，但是這裡的圖書分類卻很特別，像是「迷火車」、「用舌頭書寫遊記」、「親子遊」等，你可以從這些既特殊又細膩的欄目感受到女主人的用心。

　　「基本上會逛這種小書店的人，通常不是盲目地來找什麼，而是有特殊的目的。」Vienn 表示，這樣的分類方式可以讓顧客清楚地尋找他們想找的書。

　　「走進這家書店會激發一種旅遊的靈感。」從事 NGO 的王韻雅說，她第一次來 Zeelandia Travel & Books 是個美麗的巧遇，那天她到一樓的雜貨店洽公，無意間發現二樓有家新開的店，走上來後才知道這是一家以旅遊為主題的小書店。「我覺得很奇妙的是，來到這裡就會很想去旅行，我本來想去京都，後來剛好有朋友說要去義大利當背包客，我就跟去了。」

　　Zeelandia Travel & Books 的每一本書都是 Vienn 精挑細選的中文書，她會依據每個人的需求和喜好推薦。而架上也有一些工具類的原文書，她表示那是為了服務背包客，因為有些地方中文的資訊並不充足，只能用原文書來代替。因此，Zeelandia Travel & Books 設有一個偏遠地區的英文旅遊指南出租專櫃，讓背包客可以節省荷包去購買可能一生只會用到一次或過時就失去意義的資訊。

　　租借旅遊指南對遊客而言是一大福利，但是店主必須投資整套的原文書，而且每隔一段時間就必須更新，Vienn 也明白如此經營並不划算，但她感性地

說：「我希望旅遊書店的服務可以更多元一點。目前租的人不多，因為知道的人還不夠多，希望將來知道的人多一點，至少可以打平就好。」

踏入一個完全陌生的領域，Vienn 坦言經營書店不容易，開幕不到兩年，她目前仍處於無薪狀態，Zeelandia Travel & Books 也還在摸索方向，但她一直很用心地建立特色及口碑。小書店必須要有足夠的特色才有辦法維持下去，因此 Vienn 不選擇較合乎經濟效益的二手書，而是專門經營以旅遊為主題的新書，為一些過去出版但隨著時間被淡忘或因故被忽略的好書，製造一個遇見伯樂的機會。

在競爭激烈的新書市場，通常大型書店會將火力集中在最新出版的書，而這些書在上架約兩週後，只要不夠暢銷自然就會被打入難以翻身的冷宮，Vienn 覺得有些舊書其實真的還不錯，只是現在出版的書實在太多了，外面書店的空間不一定容納得下。「我比較聚焦在特定的主題上，在這裡它們反而會有空間。」她說。

旅人小學堂

旅遊的面相包羅萬象，無論是吃喝玩樂，還是食衣住行，都可能涵蓋，例如「用鏡頭看世界」的架上陳列著各種攝影叢書，因為照相是現代人旅遊重要的一環。「現在有誰出門玩不是帶著照相機？」Vienn 笑著說。

而 Zeelandia Travel & Books 最近舉辦的一系列活動，也與攝影有關。「旅人小學堂」是 Zeelandia Travel & Books 二〇一四年正式推出的旅遊創作工作坊，內容包括書寫、繪畫、攝影等各種記錄旅途的方式，最先上陣的是共計三場的攝影學堂，除了講座，還有實際上街頭拍攝小確幸的課程。

參加過幾次活動的電子業黃先生表示，他對旅遊、攝影都很有興趣，像「我的攝影白日夢」這個活動是以電影《白日夢冒險王》為序幕，探討攝影

於我的意義，他覺得這個主題很有意思。

Vienn 表示，經營實體書店就是希望能夠有更多人與人之間的交流，所以需要藉由活動去傳達、分享書店的訊息。「每一場活動都是我精心設計的，希望來參加的人都有所收穫，所以比較不會辦純旅遊的分享，而是比較有主題性的活動。」

認識世界，發現台灣

隨著相機的發達與手機攝影的普及，現代人最快最直接的旅遊紀錄莫過於拍照，但是文字能夠記錄的細節及傳達的感受，具備截然不同的魅力與價值。心思細膩的 Vienn 喜歡的是歷史相關的旅遊文學，所以店裡也有一些書是關於十七到十九世紀的外國人來到台灣時寫的遊記史籍。像《福爾摩沙紀事：馬偕台灣回憶錄》，對基督徒而言，是記載馬偕布教生涯的傳記；對史學家而言，是研究滿清帝國統治下的台灣社會、地理的珍貴史料；對 Vienn 而言，這也算是一種遊記，「那是跟文化歷史相關的遊記。」她說。

走過千山萬水，Vienn 鼓勵大家出外增廣見聞，但也希望大家能看見台灣，所以她的架上也有「迷台灣」的專櫃。

「看完外面的世界之後，其實應該要回歸自己。不管是自我內在的回歸，或是對這一塊土地的想法。」Vienn 表示，這是她對這間書店的期許。「我沒有覺得說開一家這樣的書店可以號召什麼樣子的理念或可以影響到多少人，但至少這是一個小小的、美好的點，相信如果有很多很多美好的點，就會串連出一大片美好的台灣。」

Vienn Chang
淡江大學中文系畢業，原從事國際貿易，喜歡旅行，因為
想做一點不一樣的事而轉行經營旅遊主題書店，希望能藉
此與同好交流分享旅遊的樂趣。

茶　話　本　事

Q：開書店的樂趣在哪裡？

A：每天都會有一些點點滴滴的小事情，有些人來這裡是因為喜歡這裡的氛圍，有些人是
　　想找書，有時他們也會在這裡意外發現在別家書店找不到的書，這些對我來說都是一
　　種鼓勵。

Q：商品特色是什麼？

A：店內的東西都很特別，也有一些獨立創作者的小玩意，都是我去搜尋的。很多人來找
　　地圖，店裡有許多古地圖，外面比較少見。

地球儀、地圖、旅行書，都
像在呼喚著你：出發吧！

新手書店

任性的書店

空間本事

店　　主｜鄭宇庭

創立時間｜2013 年

地址電話｜台中市西區向上北路 129 號

0955.824.288

營業時間｜週五～週日 14：00 ～ 23：00

　　　　　週一～週三 14：00 ～ 21：00

營業項目｜文、史、哲新書

特別服務｜讀書會、電影播放、藝文活動

現在流行老屋改造，當老房子的氛圍注入文創的巧思，老街區也能重新發掘文化動力帶來的無限商機，台中的范特喜微創文化就是一個用夢想點亮城市的平台，改建自來水公司老宿舍的「綠光計畫」深受年輕人喜愛。

街燈明亮的夜晚，沿著綠樹遮映的經國綠園道往位於中興一巷的「綠光計畫」走，首先交會的是向上北路與中興街的十字路口。遠遠看過去，有一家店的屋頂像是一本打開的書，老闆笑稱將書店開在這裡是為了「幫路人指路」，因為這裡是熙來攘往的精華地帶，有許多外地來的觀光客。不過如果你是中午來逛街，就得自己想辦法找到隱藏在巷弄裡的餐廳，因為「問路亭」要到下午兩點才提供服務。

其實這已是自稱任性的老闆最大的妥協了。原本他一週只營業三天，因為他認為逛書店不同於逛街，與其讓店一直開著，他更希望能夠累積一些內在的力量，不對外營業時可以舉辦讀書會等增進心靈養分的活動。但老闆的任性，讓遠道而來的客人經常撲空，經營了一段時間後，終究不敵「粉絲的謾罵」，他決定要「以客為尊」。

「不過老闆還是很任性，做什麼都是跟著感覺走。」三十四歲的年輕店主鄭宇庭語帶自豪地說，他所謂的「任性」，同時隱喻著「韌性」，打從開始他就認清了賣書不會賺錢，開書店也不見得有生意，一定要有足夠的「韌性」，才有辦法存活。「正常人都知道，開書店是會把錢花光的事。我必須做別的事來養活自己，如果養不活自己，這家店也不用往前走。」明知書店的經營不易，鄭宇庭仍然義無反顧地捧著文化部「圓夢計畫」的一桶金開店，生存之道是兼任教書，拿一份薪水來填補這個無底洞。

聽起來很夢幻，就像是年輕人堅持實現夢想的創業故事，但是鄭宇庭卻搖搖頭，笑著說：「開書店不是我的夢想，我是被『陷害』的。」

長髮飄逸的女朋友在一旁附和：「這是真的，開書店並不在他的生涯規劃裡，他會開書店我也很意外。」

原來，這個意外的發展，緣起於鄭宇庭的「雞婆」。當他耳聞「綠光計

畫」時，熱心獻上一份開書店的企劃書給范特喜當「禮物」，他的想法很單純：一個文化聚落怎麼可以沒有書店呢？他希望范特喜能在這裡開書店。沒想到范特喜竟反過來邀請他開店，於是，新手書店就這樣有點理想又有點任性的在二○一三年誕生了。

新手的反向思考

位於街角的三角地，新手書店有兩個入口，正門是一面大木門，側門是一扇小玻璃門。走進入書店，很快就會發現，這家店沒有一般書店必備的家具——書櫃，書本陳列在一盒盒的木抽屜上，整個空間非常舒適。就一家書店而言，甚至有點空曠感，因為檯面只有約三百本書，以質勝量是鄭宇庭另一個任性的堅持，如果讀過《笛卡兒談談方法》（*Discours de la Méthode*），就明白讀很多書不一定有用，反而要去選擇自己真正需要看的書。

「我覺得台灣有很多值得被討論和看見的書，只是在大書店被淹沒了。我這裡是反向思考，最初的概念其實只有一百本書。」鄭宇庭一派輕鬆地說，之前他也曾遭客人嗆聲：「一百本也敢開書店，我家的書都比你多。」他也不甘示弱：「你先看看我的書，是不是都值得一讀再說。」

至於為什麼會改成三百書，理由很簡單，做生意本來就會階段性地因應客戶需求慢慢調整，所以他有預留空間，也許幾年後會視情況改成五百本，畢竟再「任性」的店也要能夠滿足讀者的需求才會有「韌性」。

其實無論是幾百本書，對一家書店而言都算是「精選」，而新手書店裡的每一本書，也的確是由鄭宇庭一本一本親自挑選的好書。每週四是書店的公休日，也是任性的老闆最忙碌的日子，他會在這一天去經銷商的倉庫裡翻箱倒櫃，在茫茫書海中打滾，仔細挑選適合店裡的書。

本身學文學的鄭宇庭，對於文學類的書有一定的堅持，但是就商業角度而言，文學書很不好賣，因此他也會挑選一些社會科學、議題類的書來平均。

在書庫裡泡了一天之後，他會回到店裡替換約三十本新書，再做不同的設計和排列，以較少的數量讓大家看到值得被看見的書。

　　新手書店的陳列與思維很特別，鄭宇庭指出，這一帶以餐飲業居多，新手書店只賣三百本書，每週更換，他很希望來逛街的年輕人能走進來看看裡面有什麼書，多一個機會接觸文學。「我會選擇當流浪教師有一個很重要的原因，我覺得文學不應該存在廟堂之中，應該要帶出來跟社會分享，而書店也是一種把文學帶出來的概念。」

　　因此，新手書店除了代表老闆是從來沒有開過書店的新手老闆，還有一層更深的願景。「最後我要做到，學生或任何想寫作的新手都可以來發表他們的作品。」

> 我將你設置，在畫境之中
> 街道像飄帶，白色的飄帶一樣
> 深入煙靄，深入綺夢
>
> 　　　　　　　　　　——夐虹〈夏天凝凍在此〉

　　仔細觀看，店裡的小黑板、玻璃窗都寫著詩，鄭宇庭說，有些學生會來這裡寫詩，之前頑石劇團的郎亞玲老師曾在此發表詩集，前一陣子還有一群

新手書店只賣三百本書，每週更換。

逢甲大學的學生來播放他們自己製作的電影，透過這個空間與大家分享。

「我希望這個地方是可以創作、分享、交流的空間，而不單單只是一家書店，更是一個平台。」有個性的老闆說，新銳創作者都很期待有地方發表作品，所以無論是明信片、詩集還是音樂分享，書店都不會抽成。

「很多人來這邊都會偷笑，走出去的時候跟朋友說：『你覺得這家店活得下去嗎？』聲音大到連我都聽得到。」想法獨特的鄭宇庭聳聳肩笑著，書店開在如此昂貴的地段，附近又有誠品等大型書店，他也知道自己的做法似乎有些不切實際，但他希望提供的是一種向上的力量，讓每一位走進來的人都能開開心心。「我要將人與人、人與書的接觸、創作分享的快樂帶進來，這才是這家書店最重要的地方。」

書店是人與書共舞的空間，新手書店的店名，另外還透露著這一件事，《新手》（*Beginners*）是鄭宇庭最愛的小說家瑞蒙・卡佛（Raymond Carver）的一本書名。「卡佛是我很喜歡的作家，因為他的作品既寫實，又殘酷，但在那之下又有一種浪漫、真實、不虛偽。」愛看書的鄭宇庭表示，開書店對他而言，最大的樂趣就是看到有人買到他喜歡的書，像之前賣了九本赫塞的《流浪者之歌》，他就很開心。「我是書的僕人，每週四都重新整理一次書櫃，跟書本講講話，問它為什麼還在店裡。」

一個週六的晚上，有對住附近飯店的義大利夫妻逛街路過，進來買繪本給女兒當禮物，也挑了一些明信片，鄭宇庭拿起手機，很興奮地問那對夫妻是否能拍他們拿著明信片的照片，因為他想傳給寄賣明信片的學生。「她如果知道自己的作品被賣掉，一定會很高興。」他說。

那一刻，我彷彿看到鄭宇庭的赤子之心。誠如他所言，新手書店不僅是一家書店，也是創作者的舞台，只要任何作品找到新的主人，他都會很高興。開書店也許不是他的夢想，但毫無疑問是他實踐理想的空間。「這家店有租約年限的限制，也必然會走向租約到來的那一天，之後會發生什麼事沒人知道，但至少在這一段期間，我一定會努力經營。」他說。

鄭宇庭

高雄人，銘傳應用中文系、台東大學兒童文學研究所畢業。
原本打算留在有山有海的台東教書，但因居住台中的家人
身體欠安，於是互相交換房子。搬到台中後，擔任流浪教
師，兼職任何文學相關課程。

茶　話　本　事

Q：如果以一個詞形容自己的書店，你會怎麼形容？
A：任性。

Q：經營上有什麼困難嗎？
A：收支無法平衡。

Q：最喜歡哪一本書？
A：《愛因斯坦的夢》。

Q：鎮店之寶是什麼？
A：猴子，因為屬猴，所以店裡擺了許多猴子的小玩偶。

書店屋頂像是一本打開的
書，彷彿在說：歡迎光臨，
開卷有益。

重現大稻埕風華的書店

Bookstore 1920s

空間本事

店　主｜周奕成

創立時間｜2012 年

地址電話｜台北市迪化街一段 32 巷一號

　02.2552.1321

營業時間｜9：00 ～ 19：00

營業項目｜關於 1920 年代、台灣文學、
　　　　　大稻埕的文、史、哲、藝術新書

特別服務｜不定期講座、書展、主題遊行

說到迪化街，許多人最先閃過的畫面是辦年貨，每逢農曆年期間，這條販售南北雜貨的老街總是人聲鼎沸、喜氣洋洋。「來喲，試吃看看，好吃再買！」店家之間競爭激烈地叫賣，輸人不輸陣，有些店家甚至不惜花錢請美女帥哥來叫賣。

只是除了那個年度旺季，平時迪化街的人潮並不多，老城區的繁華早已隨著都市開發的東移沒落。電影《大稻埕》裡，二十一世紀的教授穿越時空，回到令人遐想的一九二〇年代。

試想如果情節倒過來，一九二〇年的人物跑到今日的迪化街來，他們可能會搖頭嘆息，畢竟當年的大稻埕不僅是全台最繁榮的貿易港口，更是台灣文化啟蒙運動的舞台。

儘管大稻埕的昔日風華已隨著歲月逐漸被淡忘，然而社運圈的知名人物周奕成認為那股文化能量一直存在，三年前他以「大稻埕上賣小藝」的概念先後在這一帶打造小藝埕、民藝埕及眾藝埕，願景是以一棟棟結合傳統工藝的文化街屋將大稻埕變成大藝埕。

位於永樂市場對面的小藝埕，開設在重新翻修的百年建築屈臣氏大藥房李家街屋裡，據說日治時期的名畫家郭雪湖，當年約莫就是從藥房門口往北看霞海城隍廟的視角，繪製出馳名遠近的畫作《南街殷賑》。

對於周奕成而言，大稻埕代表的是所謂的「現代台灣」，亦即台灣邁向現代化的歷程，如果說一件藝術作品的畫面或故事可以跨越時空不斷地延伸下去，他認為更重要的是那個年代的精神——曾經在這塊土地上火熱的文化願景與社會理想。懸掛在小藝埕的紅色帆布旗標示著「1920s' Legacy」，周奕成想藉由新世代的創造力，與那個台灣邁向現代化的時代對話，這也說明了他為什麼會在這裡開一家以一九二〇年代為主題的書店。

「大稻埕對今天的台灣有非常重要的意義，當我們回頭審視近百年來現代化對台灣的意義時，我們就必須回到大稻埕，與一九二〇年代以來的台灣

歷史對話。」周奕成指出。

推動文化的空間

位於小藝埕一樓的 Bookstore 1920s 採開放式設計，來到這裡，你不會錯過迎面牆上以白字紅底寫著店名的方形商標。根據周奕成，紅色在一九二〇年代象徵著左派、列寧的布爾什維克主義和無政府主義，它代表一種激進、熱血的情緒。

想了解一個年代，就不能只看本土，必須將格局拉到世界。一九二〇年代的台灣是日治時代中期，亦即大正民主潮的年代，也是歐洲革命思潮及現代主義風靡雲蒸的年代。

「在那個年代，國內外有許多偉人、名人，也發生許多事情，如果以一個年代為主題，可以包容各種思想、立場，無論是東洋、西洋、左派、右派，我們都會包羅起來。」負責經營的店長陳晞隨手指著架上的書說，一九二〇年代是廣義的，舉凡跨過那個年代的人物作品或發生的事都在選書範圍內，例如佛洛依德、漢娜‧鄂蘭等。

瀏覽 Bookstore 1920s 的書櫃，不難發現書店選書的三大取向：一九二〇年代的海內外文、史、哲、藝術作品、台灣文學，以及關於民藝、工藝的書。穿著休閒、身材高瘦的陳晞指出，職人匠師的精神對於現在的台灣很重要，入駐小藝埕的夥伴都有職人匠師的精神，例如二樓的爐鍋咖啡，從選豆、磨豆到沖泡，整個程序很講究，很符合工匠的精神，不是隨便用一台機器按了就出來。

也許是因為地緣氛圍的關係，關於在地文化或民藝、工藝的書，例如《百年迪化風華》、《職人誌：52 個頂真職人，認真打拚的故事報乎恁知》等，在這裡都賣得不錯。

別看這位八十年次的店長一臉青澀的樣子，本身讀藝術理論的他，對於人文薈萃的一九二〇年代及台灣工藝、民藝的發展都頗有研究，當初就是因為認同周奕成的文化理念，才會來他旗下的文化街屋工作，而書店是最能夠直接碰觸到思想的空間，他自己也是邊做邊學習。

來書店工作後，他接觸到一本令他印象深刻的書——林柏維的《台灣文化協會滄桑》，這本書講述著日治時代蔣渭水等知識份子發起的台灣啟蒙運動，完整呈現台灣文化協會從醞釀、成立到分裂消失的過程，該協會樹立的文化運動典範是寶貴的精神遺產。

研究文化發展的陳晞表示，學校教的台灣歷史其實很混亂，這本書讓他看到台灣文化協會當年所做的一連串活動，如電影播映、文化講座、發行會報、辦義塾等，都與現在許多文化團體在做的事情不謀而合。

「在台灣做文化有一個循環，因為時代會變，但人性其實並不會變，所以我們一直在重複做相似的事，只是它有不同的外在和名稱，但實際上的邏輯概念卻是相同的。」陳晞進一步指出，要醞釀文化很困難，和國外許多歷史久遠的文化之都比起來，大稻埕的百年風華可能只能算小學堂，但若要破壞卻很迅速，所幸現在台灣人愈來愈重視快要被遺忘的東西，這是一種文化上的重新發現，我們正慢慢在培植自己的文化。

時空旅行的入口，目的地：一九二〇年代，大稻埕。

——Bookstore 1920s——
重現大稻埕風華的書店

一年一度的一九二〇變裝遊行

　　台灣文化協會成立於一九二一年十月十七日，為了向先賢蔣渭水致敬，每逢十月十七日那週的週六下午，Bookstore 1920s 會在迪化街舉辦「一九二〇變裝遊行」，邀請民眾打扮成一九二〇年代的名人或常民共襄盛舉。

　　「集合地點是永樂廣場，不過每年會有不同的路線和節目。」陳晞說，去年他們請舞團演出二〇年代風靡一時的查爾斯頓（Charleston）舞，並與蔣渭水基金會合作，在遊行時介紹經過的故居、景點。「大稻埕有不少二〇年代的建築，藝文成就也很輝煌，附近就有李臨秋故居，郭雪湖也是大稻埕人，我們希望來參加遊行的人能夠發現，大稻埕不是只有商業，文化藝術也很豐富。」

　　一九二〇年代，蔣渭水曾在大稻埕開設文化書局，販售思潮先進的書籍。而今，周奕成卻在大稻埕開一家以一九二〇年代為主題的書店，形成有趣的時空對話。雖然一九二〇年代距今已近百年，然而店長陳晞認為一九二〇年代並不古老，因為當年的許多理論至今都還備受矚目及討論。「書店是一個地方的文化窗口，如果你要了解大稻埕，可以來這裡。我們希望以一九二〇年代這個主題將大稻埕與國內外相互連結。」

周奕成

台北人，政治大學新聞系、美國約翰·霍普金斯大學外交碩士、美國麻省理工學院管理碩士，曾任學運領袖並活躍於政壇，現為世代文化創業群負責人。

茶 話 本 事

Q：如果以一個詞形容自己的店，你會怎麼形容？

A（周奕成）：一間通往一九二〇年代的時光「本屋」。

Q：鎮店之寶是什麼？

A（陳晞）：《百年迪化風華》，這是我們最推薦的書，因為書中完整寫出百年來的迪化街，涵蓋商業與文化。

Q：最難忘的人事物是什麼？

A（陳晞）：有一個七十幾歲的老阿嬤來書店，看到門口放了一張一九二〇年代的迪化街職業明細圖，覺得很親切，她說她父親以前是醫生，常和蔣渭水一起去喝酒論事，很感謝有這家書店，保留了大家遺忘的記憶。

Q：經營上有什麼困難嗎？

A（陳晞）：目前平均勉強打平，開店容易維持難。

Q：在書店工作的樂趣是什麼？

A（陳晞）：我很喜歡看客人的一個動作，就是翻書後開始聞書的味道。很多人會有這種習慣，很有趣。此外，有些人如果你在路上遇到不會覺得有什麼特別，但是一談到書就容光煥發。

夢想中的文學書房

瓦當人文書屋

空間本事

店　主｜陳晏華

創立時間｜2013 年

地址電話｜新竹縣竹東鎮大林路 104 號

03.595.2625

營業時間｜週二～週四 13：00 ～ 20：00

　　　　　週五 13：00 ～ 21：00

　　　　　週六～週日 12：00 ～ 21：00

　　　　　（週一公休）

營業項目｜文史哲新書

特別服務｜咖啡、講座、讀書會

以工研院聞名的竹東鎮，通常不是旅遊的首選，遊客只會借道通往北埔。從竹東高中前轉大林路，約莫五百公尺左右，一個藍色大門的店面，靜靜地守在冷清的路上，只是往往會被心繫北埔的車輛忽略。這家店沒有招牌，柱子上寫著「瓦當人文」，落地窗貼著紅色的「本」字，開幕半年就連當地人也不一定清楚這家店究竟葫蘆裡賣著什麼藥。

「有人還以為這裡是當鋪，走進來詢問。因為我的門很古典，又貼了一個『本』字。」燙著一頭小波浪短髮、臉型圓潤、笑容甜美的陳晏華是瓦當人文書屋的女主人，她笑著說，門窗上會貼一個「本」字，是因為日本的書店都是這樣，「本」在日文是書的意思，她先生覺得在門外掛書店的招牌，看起來會沒有格調。

從門外的「本」字，到店內播放的日文抒情歌曲，不難察覺這位外型沉靜的女主人是個哈日族，就連店名也和日本有關。「二○一三年二月，我們去京都旅行時，看到日本建築上都有各式各樣漂亮的瓦當，我先生很喜歡。瓦當雖然是房子很小的元件，但很重要，所以在想店名時，他就提議叫瓦當，比喻我們的書店雖小，卻很重要，因為閱讀是生活上重要的事情。」

閱讀是原本從事編輯工作的陳晏華與工程師先生的共同嗜好，夫妻倆會一起去逛書店，環島旅行也會去逛獨立書店，所以一直存有開店當書房的念頭，卻遲遲沒有行動，因為如果沒有一筆資金，很難下定決心去做一件可以預想剛開始一定會虧損的事。「如今之所以能開店，是剛好遇到文化部補助的時機。文化部網站上有個一年一次的『文創產業創業圓夢計畫』，我們寫的企劃案通過了，就決定嘗試看看。」她說。

至於為什麼會選在一個沒有過路客的地點開店，理由很簡單，夫家就在隔壁，這棟房子是自己的家，一樓是書店也是對外客廳，他們就住在樓上。因此，瓦當人文書屋的設計走溫馨路線，家具擺設猶如自家的客廳，書的陳列也是乾淨俐落，讓大家有呼吸的空間，可以自由自在地閱讀。

《書店不死》的精神

陳晏華表示，獨立書店就是要做出自己的個性，並以「靜」來形容自己的書店，因為這裡的氛圍給予人一種沉靜的感覺。「這家店是我一手布置的，由於我很喜歡日本，就想把這裡布置得小巧可愛，有日本那種淡雅的感覺。」

二〇一三年九月，瓦當人文書屋剛開幕的時候，日本作家石橋毅史的《書店不死》中文版剛問世不久，陳晏華覺得這本書代表獨立書店的精神。「書裡有一篇是關於一位在深山裡開書店的女人，我覺得自己的精神跟她很像，也是在偏鄉小鎮開店，有時一整天也沒人來。」她笑著說，經營書店不容易，還得看天氣，下雨天或太冷就會沒有人，也沒有過路客，目前平均一天約有兩位客人，不過因為他們都是專程前來，所以大部分都會買書。

「讓我很感動的是，開幕第一天就有一位住在中壢的客人專程跑來。」陳晏華回憶著說，那天對方是要從台中回中壢，從網路得知瓦當人文書屋的開幕訊息，特別過來看看。當時是九月，天氣依然炎熱，他滿頭大汗地從竹東火車站走過來買書的情景，令老闆娘難以忘懷。

實體書店的價值，最珍貴的莫過於店主與顧客的互動，瓦當人文書屋雖然店齡不長，客流量也還在累積當中，卻已經有許多令陳晏華感動難忘的接觸。

之前竹東高中有兩班學生因為讀了作家林文月的〈記憶中的一爿書店〉，文中提到一家充滿人情味的小書店，因此老師就帶學生們來轉角新開的瓦當人文書屋參訪，讓他們了解獨立書店和一般書店的差異。

「他們自由參觀，有問題就問我，一班四十幾人把這裡都塞滿了。」陳晏華笑著說，獨立書店有存在的意義，因為還是有少部分的客群需要這樣的空間，有時也會有一些關懷社會議題的客人來此聊天。「很高興我們還是有一點小小的作用。」

開書店是一場馬拉松的競賽

　　有別於大書店，一家獨立書店往往可以從選書看出主人的偏好，瓦當人文書屋也不例外。「店裡都是文史哲的書，其他書不賣。」中文系出身的老闆娘表示，她看書會一個字一個字去斟酌，閱讀速度很慢，所以文筆一定要很好，她才看得下去。「我喜歡看楊牧的書，因為他的國學基礎很深厚，看他的書收穫很多，還能學到用詞遣字。」

　　雖然文史哲類的新書，在利潤上很難與大書店競爭，但是陳晏華表示，瓦當人文書屋的選書在一般大書店不一定買得到，因為在琳琅滿目的圖書世界，一般大書店會將重點放在新上市的書籍。「我們有一些獨立出版的書，也有詩集，還有綜合書店已經退掉的書。不管是幾百年前的書，只要跟文學有關，我們就會進書，因為有些以前出版的書其實都很不錯。」她指出。

　　放眼過去，一冊冊的新書整潔地陳列在架上，但若仔細瀏覽，你會發現也有少許的二手書。陳晏華表示，她不會特別拘泥於舊書或新書，就是找自己喜歡的書。但目前會以新書為主，因為二手書很瑣碎，必須要花很多的精神去收書、整理，而他們還沒有足夠的人力經營這一塊，她也不急著擴展。

　　「我們開店主要是開興趣，實現一個夢想，所以會慢慢經營、慢慢調整

「本」，是書本，在日本也是書店的意思。

空間，看看如何吸引客人。」陳晏華恬然地說，他們也會辦活動，像是每月一次的讀書會，目前有四、五個成員，未來可能會籌劃一些更多元的活動，例如市集晒書、音樂分享會或播放老電影等等，讓更多人知道這家店。

　　「影響是緩慢而漸進的，剛開始大家可能比較不知道我們在做什麼，活動也比較偏於在書店內，之後我們會慢慢跨出去，現在才剛起步。這是一場馬拉松的競賽，我們就慢慢跑，希望能一直跑下去。」她說。

陳晏華

台中人，中央大學中文系畢業，曾任圖書及報社編輯，結婚生子後搬到竹東。逛書店、閱讀是夫妻共同的嗜好，擁有一家書店的夢想在文化部的文創產業創業圓夢計畫下成真。

茶 話 本 事

Q：人生最大的樂趣是什麼？
A：全家去旅行，最好是去日本。

Q：經營上遇過什麼困難嗎？
A：進書的成本很高，而且經銷商很慢才給書，可能因為進的書都是一本、一本，量也不大。

展示書籍的桌子，是陳晏華和先生用撿拾回來的舊家具改裝而成

蕃藝書屋

為部落點燃明燈，種下希望種子

空間本事

店　主｜林明德

創立時間｜2013 年

地址電話｜屏東縣瑪家鄉三和村玉泉巷 65-1 號

　0938.037.796

營業時間｜週三～週日 14：00～22：00

　　　　　（造訪前，請先致電確認）

營業項目｜關於原住民、生活、心靈、

　　　　　藝術的二手書、新書

特別服務｜讀書會、藝文活動、茶飲沙龍

「我們這裡除了書店還有菜園，妳不過夜怎麼感受得到土的味道？」電話裡蕃藝書屋的主人林明德豪邁地說。

　　為了感受林明德口中「土的味道」，我將南部幾家書店串成一趟小旅行，只是當我風塵僕僕地來到晴空萬里的屏東縣瑪家鄉時，最先撲鼻而來不是我期待的芬芳春泥，而是當地人習以為常的檳榔花穗味。

　　沿著公路兩側，一株株的檳榔樹英挺聳立，蒼翠的葉子在風中搖曳，清新的空氣中飄過一縷輕愁，「蕃藝書屋」的橘色招牌顯得格外醒目。店名「蕃藝」的意義很多重，取自「翻譯」的諧音，林明德一方面計劃未來能夠翻譯原住民書籍，發揚原住民文化，一方面也期許原住民能夠藉由他們最忌諱的「蕃」字重新認識、肯定並超越自己。

　　「這是一個心靈洗滌、轉化、重生的過程，讓我們能從負面、屈辱的歷史記憶中，找回民族本然的面貌，重新建立有尊嚴的民族認同感。」林明德語重心長地說。

　　是什麼樣的人、在什麼樣的因緣之下，會選擇在檳榔、芒果樹環繞的原住民鄉鎮開書店？在砌著石牆的書屋旁有一個泡茶區，牆面上的台灣原住民分布圖透露著店主的滄桑身世。

　　「我會選擇在這個地方開書店，其實有一個偉大的夢想和企圖。」現年五十六歲的林明德一邊沏茶，一邊訴說他的歷程與夢想。

　　出生於恆春牡丹鄉的書香家庭，父親是排灣族、母親是阿美族的林明德，十一歲就離鄉背井到高雄求學。一般而言，當地的公教人員會將子女送到屏東市就讀，林明德的父親卻刻意將他送到沒有族人的地方，期望他能有更高的成就。望子成龍雖是天下父母心，然而寄人籬下的孤獨帶給小男孩極大的衝擊，讓他漸漸產生認同的障礙。

　　「那個時候高雄對原住民很陌生、歧視很深，我很難跟同學說明我從哪裡來，開始對家人、族人產生排斥。」回憶過往，林明德坦言，童年的不愉

快讓他在青春期開始造反、逃學。「後來我會去屏東師專讀書，是因為聽說那裡有棒球隊。」

進了屏東師專之後，林明德漸漸發現原住民不是弱者，許多優秀的原住民都集中在那裡，令他升起一股虛妄自大的種族意識，身材不高的他，經常靠著兩副拳擊手套在班上橫行。「當時的我充滿一種被壓抑、復仇的心態，用棒球和兩副拳擊手套來證明自己比別人強。」林明德笑著訴說懵懵懂懂的學生時代。

當時的林明德既自卑又自傲，必須透過某些事物來強裝強者，後來老師發現他很有音樂天分，被讚揚的優越感讓他開始轉變心性，藉由音樂征服別人，並計劃出國深造，最後卻因大舅的一句：「孩子，回來吧！」讓他放棄夢想回到故鄉。「從小他最疼我，他的一生有很多的挫折，婚姻的挫折、工作的挫折，一生酗酒唱歌。為了圓他的夢，我返鄉服務。」他說。

編織理想中的原鄉夢

返鄉之初，年輕氣盛的林明德看不慣地方腐敗，經常與人起衝突，然而他的能力卻無法受到肯定，於是兩年後再度離開部落，到高雄的中山國小教書。

時逢解嚴之際，林明德開始接觸美麗島的受刑人及原住民運動，開啟了政治與社運的一扇窗，再度陷入童年的命題——那種既看不起自己的民族，又為自己的民族感到不平的糾結。

「我一直想要為這個民族找到一個改變命運的方式，證明我們不是任人宰制、欺負的，最後想到的就是辦報紙。」林明德指出，原住民最弱的一環就是媒體運用，一九八○年成立的《原報》是台灣第一份原住民報紙。

往後的歲月，林明德積極投入原住民的歷史文化研究，涵蓋《原報》，先後辦了三份原住民報紙，卻也因此負債累累。他一度在屏東縣政府任職，

二〇一三年八月來到瑪家鄉落腳，希望能在自然的環境裡，開展出一條適合原住民永續經營的路，蕃藝書屋只是一個起步。

根據林明德過去三十年辦報的觀察，他認為原住民在整個資本主義市場經濟裡缺乏競爭力，因為資本主義的主要生產工具——資金、土地、廠房、工具、技術、知識、人力，沒有一樣是原住民能掌握的。「我一直在思考，原住民有沒有可能找到資本主義以外的獲利機制，我自認為我找到了，我這裡就是一個模型。」滿腔熱血的林明德表示，他的終極目標是在屏東打造一個「大武山脈慢活共合國」，與原鄉民間團體合作，結合部落文化、農業與工藝產業，共同營造大武山周邊的綠色廊道，並推動慢活的原鄉觀光。

「發展觀光不一定要有自然美景或雄厚財力，我沒有錢，一無所有，我的理念很簡單，四大思考方針是就地取材、資源回收、土法煉鋼、無中生有。」林明德解釋道，就地取材指的是這裡的建築都是以附近的石頭、檳榔樹搭成；資源回收指的是他們準備要成立再生工廠，讓資源能夠重新活化再利用；土法煉鋼指的是這裡既無專業也無門檻，是大家齊心協力的成果；無中生有指的是最核心的化腐朽為神奇，運用在地不起眼的東西，透過創意發揮景觀效益。

漫步於還在整理中的庭院裡，林明德指著沿途設立的小書櫃和椅子，說：「你看，那是書巢，訪客走到哪都可以停下來閱讀。我們這裡沒有自然景觀，

◀公路旁的蕃藝書屋。

▶店內有許多關於原住民的史料及文字資料。

但我們去創造景觀、營造感覺，分享人情味，以及體驗自然風格。」

蕃藝書屋周邊沒有秀麗的山水，這裡的遊客可以分成兩大類，一是關注原住民文化的人，書店裡有許多關於原住民的珍貴史料；另一種是喜歡自然生活的人，到這裡不是為了看一座山或一潭湖，而是體驗凡事自己來的原住民生活，簡陋的小木屋解決住宿的問題，妻子李安種的小菜園充滿大地的芬芳。來到這裡，你可以悠閒地在庭院裡盪鞦韆，或在書巢下閱讀，讓忙碌的心靈沉澱下來。我終於明白，就是要放慢腳步體會周遭的一切，才能聞到土的味道。

微風輕吹的午後，林明德再三強調慢活生活，卻又急促地解釋他的理念，深怕會說不完。看似一條硬漢子的林明德，其實有很浪漫的一面，他提到美國黑人領袖金恩博士「我有一個夢」的演說，誰都可以有夢想，而他則希望為部落點燃一盞明燈，編織理想中的原鄉部落夢：

說自己的故事，

寫自己的歷史，

畫自己的地圖，

雕自己的手藝，

出自己的書本，

繪自己的家園，

唱自己的老歌，

織自己的志業，

愛自己的族人，

行正義的道路，

護原鄉的土地，

圓民族的大夢！

林明德

擁有排灣族與阿美族血統的林明德，投入原住民歷史文化研究超過三十年，曾辦過三份原住民報紙，理想是在屏東打造一個「大武山脈慢活共合國」，與原鄉民間團體合作，結合部落文化、農業與工藝產業，共同營造大武山周邊的綠色廊道，並推動慢活的原鄉觀光。

茶　話　本　事

Q：哪本書對你影響最深？

A：《流浪者之歌》，探索真理的心靈之旅。

Q：鎮店之寶是什麼？

A：《日據時代台灣原住民族生活圖譜》等早期關於原住民的文獻。

Q：開書店的樂趣在哪裡？

A：閱讀，認識新朋友。

Q：最難忘的人事物是什麼？

A：有一些書是收藏品，之前有人從外地專程來買書，每次他從書架把書拿下，我又放回去不賣。那位客人前後來了五次，最後我看他對原住民文化這麼有興趣，就很便宜地把書讓給他。

虎尾厝沙龍

老房子裡的藝文空間

空間本事

店　　主｜王麗萍
創立時間｜2011 年
地址電話｜雲林縣虎尾鎮民權路 51 巷 3 號
　　　　　05.631.3826
營業時間｜11：00 ～ 22：00（週一公休）
營業項目｜社會、性別、自然、文學相關的新書、
　　　　　當代藝術、歐洲古董家具燈飾、文創商品
特別服務｜藝文活動、茶飲輕食、免費無線上網

從寬闊的大馬路轉進一條極為窄小隱密的巷子裡，沿著兩側灰濛濛的牆壁走著走著，忽見一棵松樹聳立的庭園，穿越庭園和廚房，走入一棟和洋式木造老房子裡，有一種愛麗絲夢遊仙境的感覺。

在陳列著歐風古董家具的咖啡廳裡，甘甜清爽的花草茶飄香，店長王永欽猶如引導愛麗絲進入夢幻世界的大白兔，在古典音樂的伴奏下，娓娓訴說關於虎尾厝沙龍和創辦人王麗萍的故事。

從中藥味到書卷味

建於一九四〇年代，這棟被列為縣定古蹟的和洋風老屋，是盛行於日治時代的「興亞式」建築。這棟原屬於一位中醫師的私人住宅，見證了昔日「虎尾郡」蔗糖飄香的風華，也躲過了被改建為高樓的都更命運。

而今，老房子裡飄的不是滋補身體的中藥味，而是補充知識及心靈養分的書卷味。曾經一度荒廢的老房子，在現任主人王麗萍的巧思下，搖身變成雲林人的藝文沙龍。

如果你覺得虎尾厝沙龍很藝術，那是因為在整頓老房子時，王麗萍很用心地尋找能夠配合及信任的木匠師與油漆匠師，前後花了一年多的時間修復。「店內的木作完全讓匠師盡情發揮，木門、木牆都是請油漆師傅一寸寸去上漆與保養，所以後來油漆師也把它當作人生的經典之作。」王麗萍解說。

曾經是雲林政壇的風雲人物，蓄著一頭短短的小平頭、聲音低沉、穿著中性的王麗萍，現在是故鄉的文化推手，出身虎尾的她表示，要把資源盡可能留在家鄉。

只是推動文化的方式很多，為什麼王麗萍會選擇經營不易的書店呢？緣起是二〇〇七年，當時虎尾唯一的一家書店金石堂關閉了，令她萌生開獨立書店的念頭，希望能夠透過書店，讓雲林人看見屬於自己的歷史。「書店是

承載地方社會力量與運動的空間。」她說。

雲林人的客廳

　　提及身兼姊妹電台董事長的王麗萍，大家都知道她對推廣性別平權不遺餘力，而她對婦運的關注，從店名到選書都有跡可循。

　　首先，沙龍文化源起於文藝復興時期的歐洲，當時一些有思想的女主人會邀請藝文朋友到家中聚會，話題從文學、哲學、辯論到各種社會議題無所不談，激盪出許多火花。王麗萍希望當地人能夠將虎尾厝當作自家的客廳，透過讀書會、講座、音樂會等各種藝文活動的交流建立在地的論述，遂而發展出獨特的雲林學。

　　開在古色古香的老房子裡，虎尾厝顧名思義就是虎尾的家，而虎尾厝沙龍的確予人一種「推開門，走進來！咱家己的所在」的感覺。一個個陳列著書籍的小房間門口分別標示著社會科學、性別、自然科學、文學，店長王永欽表示虎尾厝的選書方向明確，聚焦在「生態、性別、另類全球化」上。

　　「我們都跟經銷商說，不必寄暢銷書排行榜給我們，我們挑選的書不見得是最新的書，但一定要內容好，並符合我們的主題。」喜愛閱讀的店長舉例說，像由《四方報》編譯的《逃：我們的寶島，他們的牢》和《離：我們的買賣，她們的一生》這兩本書，前者是關於外籍移工，後者是關於外籍新娘的書，這兩本書給了他很大的震撼，因為這是外籍人士以他們的角度發聲。如果我們到國外工作，對雇主不滿意可以離職，為什麼在台灣的外勞就要被扣上逃工的罪名，不偷不搶卻要被扣上手銬？

　　《四方報》是專門為新移民發行的刊物，有越南文、泰文、印尼文、柬埔寨文、菲律賓文五種版本，讓新移民有一個可用母語發聲、交流的平台。虎尾厝沙龍每個月都會收到越南文的《四方報》，王永欽也會定期拿給附近

的越南看護看。

「每次我拿《四方報》給她看，她都會很期待地跟我道謝。其實我反而感謝這些外勞默默地讓我們的社會運作得更好。」王永欽真誠地說，他希望多一些獨立出版的書籍或刊物能夠在虎尾厝沙龍流動，讓多一種溫度被看見。

小書店的堅持

選擇在一個有社會意識的在地獨立書店工作，不難想像王永欽本身也很關心社會議題，不過令人訝異的是他並非當地人，而是台南人，因為在雲林讀大學，畢業後才留下來從事文化工作。

「我覺得台南就像一座森林，你在森林裡種一棵樹，它隨著森林長大，不容易被發現。相對地，雲林就像一叢小草叢，如果你在小草叢裡種一棵樹，將來茁壯之後能夠庇蔭整個地方，我們要做的就是這件事。」如同書店的創辦人，王永欽也認為雲林其實是具有深度與歷史的地方，只可惜工作機會不夠多，導致人口流失，真的很可惜。

走入這棟和洋式木造老房子裡，自然湧起愛麗絲夢遊仙境的感覺。在這樣的環境裡閱讀，可以靜下心來沉澱思考，尋找生活的溫度。

因著這樣的理念，雖然目前書店的開支無法平衡，虎尾厝沙龍依然堅持不折扣也不退縮。年輕的店長坦言，現代人習慣在線上購買折扣書，來逛書店不代表會買書，目前書本的銷售僅占總營收的十分之一。但是，他們想提供的是書店給人的氛圍及在地藝文能量的鋪陳，這比書店的盈虧還要重要。

　　「我們為什麼要用小瓷杯喝茶，而不用馬克杯或塑膠杯？這是一種生活美學的培養。老屋子配上老家具、小瓷杯，在這樣的環境裡閱讀，可以靜下心來沉澱思考，尋找生活的溫度。」王永欽拿起瓷杯，邊喝茶邊說：「如果有一天巷弄裡的書店都消失的話，生活有多乏味。」

　　靜靜地坐落在巷弄裡，庭院寬闊的老房子本身是虎尾厝沙龍最大的特色及魅力所在，但相對地也對書店帶來一些小困擾，因為有些遊客會將書店當作觀光景點，一窩蜂地衝進來拍照，然後鬧哄哄地離開。

　　為避免來看書的客人受到干擾，每天坐鎮書店的店長在虎尾厝沙龍門外，立了一個不開放參觀的牌示，他笑容滿面地說：「我們很歡迎大家來這裡閱讀、喝茶或聚會，但希望大家不要把這裡當作景點。」

王麗萍
雲林人，政治大學中文系畢，曾任雲林縣議員、立委，退
出政壇後積極推動地方文化事務，先後創立姊妹電台、虎
尾厝沙龍，並負責運作雲林布袋戲館。

茶 話 本 事

Q：哪本書可以代表你們書店？
A（王麗萍）：《沙龍：失落的文化搖籃》。

Q：如果以一個詞形容自己的店，妳會怎麼形容？
A（王麗萍）：有靈魂的風景，雲林人的客廳。

Q：鎮店之寶是什麼？
A（王永欽）：老房子本身。

Q：經營上有什麼困難嗎？
A（王永欽）：營運與活動都是挑戰，有些很棒的活動，希望多一點人來參與，但是很難
　　推廣。

庭院開闊的老宅裡，正孕
育著庇蔭地方的文化大
樹。

桃園的微型藝文聚落

南崁 1567 小書店

空間本事

店　　主｜夏琳
創立時間｜2013 年
地址電話｜桃園縣蘆竹鄉吉林路 156 巷 7 號

03.312.1567

營業時間｜週二～週五 13：00 ～ 20：00

　　　　　週末 12：00 ～ 21：00

營業項目｜文學、生活方面的二手書、少量新書
特別服務｜讀書會、工作坊、藝文活動

從前有一位小女孩，每天放學都會來到一家書店，她會搬張小椅子，坐在固定的角落看書。那是一個很私我的閱讀時間，同時也是記憶中有爺爺、奶奶與父母陪伴的快樂童年。那家店是他們共同經營的外文書店，不過店裡有兩排中文書，從《三國演義》、《鏡花緣》等經典磚頭書到翻譯小說，小女孩都不會錯過。

小女孩長大後，離開故鄉到台北工作，直到有一天，媽媽永別了，接下來的五年內，奶奶、爸爸和爺爺也相繼去世，她決定要開一家書店紀念他們。

在南崁 1567 小書店的咖啡吧檯前，店主夏琳的思緒飄回童年，腦海中浮現祖孫三代在高雄市鹽埕區生活的情景。後來鹽埕區沒落了，書店也倒了，但是小小的身影坐在小椅子上看書看得渾然忘我的記憶，是她最美好的童年。

夏琳邊煮咖啡邊說，過去她不曾想過要開書店，但是這幾年接二連三地參加親人的告別式，讓她對於生死的意義感觸特別深，尤其是在短短的期間一下子走了那麼多人，會去思考生命的意義、人生的價值到底是什麼。

「長輩留下了一點錢，看著這些錢我很難過，因為他們辛苦一輩子，賺了這些錢，卻連吃一頓大餐或出國旅遊都捨不得，全留給後代子孫。」夏琳表示，長輩留下來的錢一定要善用，她曾任《民生報》的活動企劃，辦過許多藝文活動，爾後返校進修藝術管理時，碩士論文也是關於社區發展及文化資源分析，如果開一家書店，不但可以實踐理論，同時也是紀念父母。

「我覺得我的人生到目前為止做的事情，好像都是為了這家店鋪路，還有誰比我更適合做這件事？我媽媽在我這個年紀就生病了，如果我不做，什麼都沒留下就走了，不是白白走這一遭嗎？」雖然夏琳開書店的目的參雜著私人情感，但是做起事來有條有理的她表示，自己其實做了詳盡的分析及評估，包括為什麼要在桃園開店。

「很多人問我為什麼不在台北開店，但我覺得在台北只是錦上添花，而

在桃園卻是沙漠裡的一株小花。」居住南崁十年的夏琳說，她會選擇在這裡，一方面是離家近，一方面是希望能夠將書店發展成小型的社區藝文聚落。「我覺得住在一個地方，除了居住之外，更應該多了解當地的環境，這也是我開書店的原因之一。」

認識在地文化

來到南崁 1567 小書店，你很快發現，這家書店有幾個鮮明的特色，都與老闆娘曾為策展人的經驗有關。首先，如果你注意書店的陳列方式，你會發現彷彿是一個小小展覽場。玻璃落地門，一邊是書店的入口，一邊是咖啡區的入口，而中間迎面的書櫃，陳列的是當季的書展。而每一季，書店都會製作很詳盡的藝文活動訊息，幾乎每個週末都有活動。

「就如文宣所寫，這裡是一個微型藝文聚落，不光只有賣書，還有飲料、展覽，假日也會辦活動及一些小型課程。」擅長策展的夏琳笑著說，她申請了文化部的「閱讀補助」，所以必須規劃很多講座、活動，但這也是她想做的事，她希望這個空間成為社區的藝文交流站。

在充滿咖啡香的明亮小書店裡，笑容可掬的女主人滔滔不絕地說，南崁 1567 小書店的活動多半與文學、閱讀相關，內容不一定合乎自己喜好，而會希望多一些目的性。

「我會特別邀請獨立出版的作者或譯者來書店分享，因為獨立出版被大型出版社壓下來，除非行銷能力很好，不然可能連一千本都賣不掉，特別是詩。」提到每家書店都搖頭嘆息不好賣的詩集，夏琳語帶堅定地說，雖然每次來參加相關活動的人都很少，但她依然堅持要有一定的比例，因為詩也是一種寫作文體，賣得不好不代表寫得不好。

做為一家社區書店，夏琳指出這一帶多為中年人的小家庭，小孩多半都

還小，所以書店的選書以文學、生活、旅遊、童書等軟性書籍為主，比較少有非文學，更不會有財經類的書，因為店已經很小了，選書一定要有特色。

既然是在地書店，夏琳也會特別關注當地作家、藝術家的創作，最近令她印象深刻的一本書《台灣媳婦仔的生活世界》，就是當地作家的作品。

「這本書的作者曾秋美和她先生都是這裡的常客，她以南崁人的角度去寫台灣早期童養媳的生活過程。」夏琳驚嘆地說，看了這本書，她發現自己雖然在南崁住了十年，卻有許多事完全不知道，原來過去媳婦仔的生活是這樣子、南崁人是這樣生活。

「我甚至不知道，原來從我家落地窗看出去的那塊地，以前馬偕居然在那裡傳過教，他從淡水一直走到南崁來傳教，如果時空的界線不存在，他就在離我家三公尺的地方耶。」翻閱著書本，夏琳直呼這種感覺實在是太微妙了，閱讀是一件最美好的事。

提供閱讀多樣性

「獨立書店為什麼要存在，就是要有閱讀多樣性，而不是走到哪都是大型書店推的暢銷書。」她笑著說，為什麼《哈利波特》出來之後，全架的書

夏琳和顧客，不只分享書，也
分享各自的故事。

都跟神怪有關，難道就沒有其他書可看了嗎？有一些書明明很好，在書店卻沒多久就不見天日，同樣也很可惜。所以南崁1567小書店雖然以二手書為主，但她還是會進一些新書。

「不可否認大家愛看新書，像《大地之子》出來時，我也迫不及待想要看，若要等到淪為二手書，至少得等半年。」夏琳指著書櫃上一條紫色的線說，那是新書與舊書的界線，新書對小書店而言，純粹是服務性質，根本沒有利潤可言，因為從書的進價就拿不到和大通路同樣的折扣，一開始就輸在起跑點。

獨立經營書店的夏琳不諱言，在還沒有開店以前，她買書也喜歡到處比價，哪裡便宜哪裡買，都打七九折了還找哪裡有二十元的回饋金，看到有六六折的就像挖到寶，甚至還會去實體書店逛，看到喜歡的書就拍照，回家再上網買，殊不知這些行為嚴重影響小書店發展。

「大家都會說，那家小書店好可愛、好有氣氛，但你如果只是拍一拍，回家上網去買，以後就享受不到這種氣氛。」夏琳如今深深體會經營獨立書店的難處。雖然新書她無法跟大書店一樣打七九折，但還是會打九折，因為只差一折，希望大家能夠接受。

靜謐的午後，一位婦人從咖啡區走進來，在吧檯前的夏琳親切招呼，問她要不要試試今天新到的咖啡豆。住在附近的林筱筠說，每週都會來這裡，因為很喜歡老闆娘，也很認同她的理念。「也不一定是來買書，有時候就是來喝杯咖啡聊聊天，老闆娘有很多故事可以分享，來這裡的客人也都很好相處。」

夏琳

高雄人，大學畢業後上台北工作，曾任《民生報》活動企劃，辦過許多大型國際展覽。之後為自我充實，重返校園就讀台北藝術大學藝術管理研究所，並從事文創工作。為紀念曾開書店的父母，在居住十年的桃園開書店。

茶　話　本　事

Q：店名的由來是什麼？

A：開在南崁，地址 156 巷 7 號，1567 唸起來很順口，現在很流行用數字取名，像「華山1914」，所以也來趕流行。

Q：妳會推薦讀者閱讀什麼有趣的書？

A：《小的台灣史》，從平民的角度看台灣史。

推開玻璃落地門，這裡彷彿是書的小小展覽場。

書酷英文書店

分享英語閱讀環境的部落

空間本事

店　　主｜Neil & Silvia

創立時間｜2012 年

地址電話｜新竹縣竹東鎮東寧路一段 207 號

　　　　　03.510.0571

營業時間｜週日～週四 10：00 ～ 20：00

　　　　　週五～週六 10：00 ～ 22：00

營業項目｜英文二手書（以童書為主），有少量新書

特別服務｜不定期活動、免費咖啡、兒童桌遊

"The snow glows white on the mountain tonight, not a footprint to be seen. A kingdom of isolation, and it looks like I'm the Queen..."小學四年級的 Susan 邊滑著 iPad，邊哼著迪士尼動畫《冰雪情緣》的主題曲 Let It Go，英文對她而言就如母語般駕輕就熟，連和父母對話也是中、英文自然、流利地交織。

在什麼樣的環境下，小朋友可以自然而然地學習英文？書酷英文書店裡的四萬本兒童刊物就是答案。「小孩在很小的年紀學英文，沒有壓力地接觸，就會像母語一樣自然。英文這種語言比中文簡單，繪本的好處是，文字和圖片是關聯的，所以它的名詞、動詞在上面都會出現，從小讀繪本，讓他們用欣賞的角度去學習一種語言，準確度有七、八成。」書酷英文書店的老闆 Neil 指出，這種學習成果是傳統學習音標、文法的方式無法達到的境界，所以看這些書長大的小朋友，可以分辨出是母語者還是台灣人寫的英文。

「Susan 覺得台灣人寫的英文書不開心，因為太正式了。上次在 7-11 買了一份英文報，Susan 一看就說，那是 Chinese English，不願意讀。」Susan 是 Neil 和 Silvia 的女兒，這對夫妻就是為了她和五歲的弟弟 Ryan 經營這家店。老闆娘 Silvia 補充說，她自己也很喜歡閱讀國外的童書，因為創作內容比較多元，什麼都有。她舉例說之前看過一本童書，內容敘述一對祖孫住在一起，有一天來了一位訪客，將孫子最心愛的小熊弄壞了，孫子很傷心，但爺爺對他說：「我會幫你修好的。」然後帶他去城裡買棉花、針線，把小熊重新打開再縫好。

「台灣的故事書不會描述這種事情，比如說，小孩子搶東西、誰對誰錯、爺爺主動幫小孩修理玩具等等。又例如說關於新生兒的書，小的孩子出生時，大的孩子會討厭小的。外國作家會畫出這種人的天性，不會像中國的傳統就是孝悌忠信禮義廉恥。」老闆娘說，他們從六年前開始進二手英文童書，當時純粹是因為自家小朋友需要，因為台灣的英文童書價格太高又不夠多元，開店其實是無心插柳。

起初，他們只有一間倉庫，雖然也對外批發和寄賣，但是並沒有零售。

話說兩年前，他們因為需要一間較大的倉庫，搬到現在的位置，在整理書籍時，經常有人跑進來看他們在做什麼，於是他們想，既然書都上架了，乾脆就開店好了。

「因為我們家在這裡，反正人都在，所以也沒差，門打開就對外了。」老闆娘指出，其實當地的人潮並不多，很少會有過路客，來的人都是特地前來，其中不乏外縣市的客人，大多是透過網路或朋友知道這家店。

來自台北的韋又甄是兩個孩子的媽媽，就是透過網路知道這家店的，特地從台北來此為小朋友挑書。「我很喜歡說故事給小朋友聽，這裡有很多書在誠品都買不到，選擇比較多元，而且便宜。」她像是發現寶庫開心地說。

把書交到客人手上的意義

書酷英文書店有兩個樓層，一樓的二手書大部分都是五十元一本。Silvia表示價格會壓得這麼低，是因為他們希望小朋友來到這裡，能夠依照自己的喜好盡情地去挑書。

「如果價錢訂得太高，家長就會限制買書的數量，我們也希望大家都沒有負擔。」她誠懇地表示，英文是最強勢的外語，希望能夠給所有小孩良好的英文閱讀環境。

Neil 和 Silvia 的用心，提供了想讓孩子從小學習英文的父母一個柔性的選擇。只是從海外進口的二手書，以這樣的定價是否能夠平衡開銷？Neil 笑著說：「我們都是跟美國一些較偏僻的地方進書，原則就是不挑書，把成本壓低，能夠打平就好了。一家書店如果要從經濟效益的角度去考量，是不合乎時宜的。」

這對友善的夫妻表示，起初他們只是為了自己的孩子，開了店之後，才發現這家店最珍貴的價值在於這是一個對外開放的書房，能夠帶給孩子與大人許多可能性。

「一家二手書店，店主追求的東西其實就是一種感覺，一種互信的模式，就像海明威第一次去莎士比亞書店時，他很窮沒有錢，店主蘇薇亞就免費將書借給他。」溫文儒雅的 Neil 隨手拿起海明威的《流動的饗宴》，裡面有一章描述海明威在巴黎時與莎士比亞書店的互動。莎士比亞書店設有租借圖書館，當時海明威沒有錢付保證金，蘇薇亞仍將書借給他，海明威在書中寫道：「其實，她並沒有理由信任我。她從來不認識我……然而，她是那麼開心，那麼熱情，那麼親切。」

Neil 表示，他最珍惜的就是這種人與人之間互信的感覺，既然客人逛書店的目的是找書，書店就要盡力幫客人找到他們想要的書。

「之前有一位老伯伯想找《Airport》，是一個影集的書，算是青少年小說。他說這本書對他而言有特別的意義，是多年前一位與他有特別情誼的工程師推薦他看的。我查了我們的系統，應該有那本書，其實那本書也不過五十元，但我們找了好久都找不到，後來想想，乾脆從國外買給他好了。」Neil 笑著說，他們遇過許多這樣的狀況，有的時候有些人在找一本書，重點其實不在那本書本身，而是那本書在某個時期對他有特別的意義，可以勾起他們很多回憶。「把書交到客人手上，背後有很多故事是很美的，對於找書的客人，不同的書可以對應到不同的時期，勾起許多回憶。」

本意為倉庫的書酷英文書店沒有特別的門面，穿越有些凌亂的書堆，在

書酷店內有四萬本兒童英文刊物，讓孩子們可以在沒有壓力的環境下學習英文。

店的後方有一張長桌，Susan 和 Ryan 會在這裡看書、嬉戲，客人也可以坐下來喝杯免費咖啡。最特別的是，依靠牆壁的架上還擺著各式各樣的桌遊，誰家的小朋友都可以和 Susan 姊弟一起玩。小主人的親和力很強，進來的小客人往往沒多久就能跟他們玩在一起。

在桌遊區的一面紫色牆壁上，漆著一排大人與小孩手牽手的剪影，下方寫著："It takes a village to raise a child."（養育一個孩子，需要整個部落的力量。）溫和友善的女主人表示，「書酷」這個店名其實有兩個含意，一是取自書庫的諧音，二是 Suku 是一個非洲部落的名稱。

「這裡就像是我們家的書房，對我們最大的價值，是和客人一起分享對孩子的看法，很多父母也會教我們家的小孩，像畫畫啦，許多互動都很像部落教育孩子的感覺。」Neil 解說以部落為名的用意。

「一家書店是固定的，我們希望最珍貴的特色是來的人，因為如果去到一個地方，能夠期許會遇到什麼樣的人，那個特色才是持續、永恆的。」男主人指出，他們提供免費咖啡、桌遊的用意，就是希望大家能夠很自然地在這裡相遇，以一種特定的氛圍，吸引特定的人，產生一些交集，而非一種消費行為。秉持著這樣的理念，書酷英文書店曾辦過說故事、做紙風箏等活動，這些活動、講座都免費開放給大眾。

「我們沒有固定辦活動，因為我們的位置比較偏僻，而大部分的講師都是在城市，要等他們有空時才會有活動。」Silvia 表示，他們只是提供一個空間，幫大家建立舞台，很多人有自己的想法，但缺乏舞台，只要是非營利的活動，他們都很樂意支持。

Neil 夫妻認為人與人之間的交流最美，書酷英文書店是一個許多志同道合的家長、老師或對英文童書有某種情感的客人不期而遇的地方，如果一個環境能夠用心去吸引很棒的人，他們自然就會出現在你面前，這就是 Neil 夫妻理想中的書店。

Neil & Silvia
來自台中的 Neil，到新竹工作後，認識了竹東出生的
Silvia。兩人原本皆從事 IT 業，結婚生子後，為了給下一代
完善的英文閱讀環境，自美國大量進口童書，從兼做批發、
寄賣的倉庫，水到渠成地發展成為親子同樂的書店。

茶 話 本 事

Q：鎮店之寶是什麼？

A：一套不完整的一九○二年凱迪克繪本（初版），源自美國華盛頓特區的圖書館。美國
　　圖書館學會的凱迪克繪本獎（Caldecott Medal）就是以其名設立的獎項。

書酷店內有許多大木桌，
讓大朋友、小朋友可以盡
情地閱讀和玩遊戲。

陪青少年長大的閱讀空間

恋風草青少年書房

空間本事

店　　主｜邱景墩

創立時間｜2013 年

地址電話｜台中市豐原區北陽二街 129 號

0921.384.149

營業時間｜13：00 ～ 21：00（週二、週三公休）

營業項目｜以青少年為主的新書、二手書

特別服務｜閱讀寫作班、茶飲

從豐原火車站往葫蘆墩文化中心的方向走，人潮冷清的新興社區裡隱藏著一家整潔明亮的小書店，在那個長方形的空間裡，一面書櫃陳列著新書，一面擺著二手書，中間則有兩張搭配黑椅子的白色書桌。如果你注意看，會發現書櫃裡還住著一些可愛的「小動物」，最顯眼的莫過於各種造型的貓頭鷹擺飾。

　　「我兒子曾經數過，店裡大概有十幾隻貓頭鷹。」四十七歲的老闆邱景墩笑著表示，因為太座喜歡貓頭鷹，而且貓頭鷹又象徵智慧，很適合他們這一家為青少年開的書店。

　　恋風草青少年書房是台灣極少數以青少年叢書為主題的書店，放眼國內的特色書店，你可以找到童書繪本的專門店，也可以在許多推廣閱讀多樣性的小書店裡遇到繪本，但是如果你家中有青春期的孩子，你會發現，青少年閱讀這一塊，似乎鮮少有書店會特別去觸碰。

　　「我們觀察過，好像很少人在推動青少年閱讀。」經營補習班多年的邱景墩認為青少年閱讀最不容易推廣，因為孩子年幼時，父母會幫小孩買書，孩子長大後，會自己買書，但是青少年除了要面臨繁忙的課務及升學的壓力，還有抵擋不住的電玩誘惑。「我們希望能夠提供孩子一個良好的閱讀環境。」

　　捧著文化部「圓夢計畫」的一桶金開店，好爸爸邱景墩說，這家店是為國中的兒子所開，因為他們全家都很喜歡閱讀，希望兒子的朋友也可以一起來閱讀。「十二年國教是一個契機，我自己開過補習班，我覺得孩子不一定要讀太多過於專精的學科，應該要多讀一點課外讀物，許多家長也都很支持。」

　　進門要脫鞋，二樓是老闆的家，邱景墩指出這家店是以自家書房的概念開放給鄰居、朋友共同閱讀。「這裡的舊書都是我們家的藏書，不一定要購買，也可以用租的。我們也會進一些適合青少年的新書販售，有時也會進一些小說給家長。」他說。

廣泛閱讀的重要

　　以提供兒子多元友善的閱讀空間為出發點，邱景墩將恋風草青少年書房定位在社區書店，新舊書混雜的店裡除了提供茶飲服務，也辦讀書會，請老師來帶領青少年閱讀。

　　「正確來說是閱讀寫作班，每期十堂課，每堂課一個小時閱讀、一個小時寫作。」熱心推廣閱讀的邱景墩說，他們第一期讀完了《曠野迷蹤》及近八成的《洞》。為鼓勵孩子，激發他們對閱讀和寫作的興趣，還特別舉辦了《曠野迷蹤》讀後心得比賽。「有些小孩一開始是被父母叫來的，可是現在他們都自願繼續參加第二期，因為老師很會鼓勵他們，讓他們開始對寫作有信心。」

　　過去開補習班，邱景墩主要的角色是協助小朋友順利升學，而今開書店，他希望青少年能夠透過閱讀培養創造力。

　　「我們的國文教育著重在精讀，但我覺得廣泛閱讀很重要，孩子可以從廣泛閱讀當中得到很多知識。」根據邱景墩的觀察，台灣小孩的課外閱讀到了青少年的階段往往會出現空白期，因為這個階段的孩子光是教科書就讀不完了。當初他們將客群鎖定在青少年時，也有很多人勸他們要三思，因為青少年是比較叛逆的階段，要推廣閱讀不容易。「他們說小孩到了國中二年級會有『中二病』，很叛逆，不可能跟父母一起逛書店。但我覺得沒有那麼必然，我兒子也是國中生，但他很喜歡閱讀，每天回家一定會先看一下書才開始寫功課。我覺得環境很重要，我想提供一個良好的閱讀空間。」

以漫畫為橋梁

　　所幸恋風草青少年書房開幕之後，得到社區家長的支持與認同，邱景墩

笑著說有些家長甚至把這裡當作「安親班」，希望孩子假日可以來這裡閱讀，而不是在家滑手機。

「像我兒子的國小同學就被媽媽帶來這裡看書，剛開始他都不願意看，後來我想現在的小孩比較愛看漫畫，就介紹他看《C.M.B. 森羅博物館之事件目錄》。」邱景墩說，這個連載漫畫是關於一位科學知識豐沛的男孩如何利用他的專長破解許多神祕事件，兒子的朋友看了之後覺得很有趣，也開始看其他的書。

「其實我不太鼓勵小孩看漫畫，那只是一個橋梁，我希望能藉由這些書激發孩子對閱讀的興趣。」邱景墩表示，他還因此特地訂了《少年牛頓》、《未來少年》及《幼獅少年》三本青少年雜誌放在店裡給孩子們看，也有許多熱心的家長會告訴他最近流行的刊物。

「有家長告訴我，現在國小、國中生很喜歡看《尋寶記》，它是韓國的漫畫，每集介紹各國的地理、歷史，現在已經出到三十幾冊了，也有《台灣尋寶記》。小孩一來就開始看，妳看，這是新書，不過已經被他們翻到有點皺了。」拿著被孩子們翻到有些許耗損的書，邱景墩不以為意地說，沒關係，書舊了移到二手書的架上就好了。

自從開了書店之後，許多人會請邱景墩推薦書籍給孩子們看，而他也必

這家書店是店主為了讀國中的兒子所開，也是台灣極少數以青少年叢書為主題的書店。

須為書店選書，因此這段期間他開始大量閱讀青少年叢書，這個時候他的兒子也是他最好的夥伴。

「我兒子有一個特色，就是每看完一本書都會跟我們分享，之前在讀書會裡提過一種叫菊石的化石，我兒子很厲害，馬上就從《C.M.B. 森羅博物館之事件目錄》找出來給我看。」邱景墩說，他兒子最愛看歷史類的書，平時閱讀速度很快，可是之前看小說《小偷》卻看了一個星期，原因是鋪陳太長，前半段不容易閱讀，後半段才開始精彩。「我覺得我兒子的意見很好，後來寫了一篇很短的文章介紹這本書，我從以前就一直覺得從孩子身上可以學到很多東西。」

天下父母心，憨厚的邱景墩為了兒子放棄原本收入穩定的補習班，轉行經營書店，乍看之下也許很冒險，但邱景墩表示，這是經過深思熟慮的決定，雖然書店目前仍處於賠錢狀態，不過他們也做好了長期抗戰的心理準備。「因為房子是自己的，我只是把剩餘的空間拿出來開書店，沒有租金或人事成本的壓力，應該還能夠支撐。」

最後，邱景墩開玩笑地說：「我算過，兒子從國一到大學剛好十年，所以希望十年不關店。等小孩長大以後，也許可以改名叫老人書店，變成家長的書店。」

邱景墩
原為補習班老師，為了國中的兒子開青少年書店。

茶　話　本　事

Q：店名的由來是什麼？

A：以前不知在哪看到「戀風草」這個名字，覺得很喜歡，也很適合這家店，因為小孩子
　　會對一些事物有點愛戀，也會有一些夢想，想要隨風去遠方，就像愛戀風的小草。

Q：如果以一個詞形容自己的店，你會怎麼形容？

A：溫馨。

Q：最喜歡哪一本書？

A：鹿橋的《人子》，哲理性的寓言故事，對於人生不能只看表面，有一些深層的東西要
　　思考。

Q：推薦青少年閱讀哪本書？

A：《愛德華的神奇旅行》，書裡描述一隻驕傲的陶瓷兔子經歷了一些旅程之後的啟發，
　　我覺得跟現在的青少年有點像，因為現在孩子都有點驕縱。

Section 4

我們賣的是閱讀，不是書

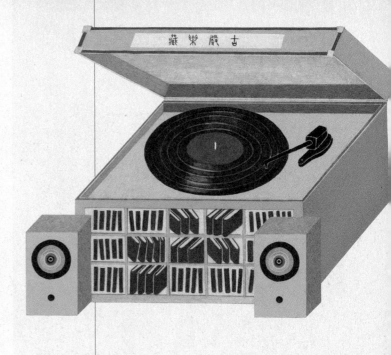

聽見歷史的聲音

「古殿樂藏」唱片藝術研究中心暨「古殿書藏」

空間本事

店　　主｜王信凱
創立時間｜2013 年
地址電話｜新北市淡水區民族路 31 巷 15 號
　　　　　0975.057.467
營業時間｜11：00 ～ 21：00（週二公休）
營業項目｜黑膠唱片
特別服務｜講座、音樂會

徘徊在竹圍最熱鬧的民族路商圈，手機的衛星導航無法精確地定位出圓弧形的三十一巷，「古殿樂藏」唱片藝術研究中心暨「古殿書藏」雖然位於一樓，卻毫不顯眼地隱藏在大樓的柱子後面，稍一不注意很容易就被忽略。

推進玻璃門，簡單的小空間裡除了唱片櫃與書架，沒有特別的裝潢，然而在留聲機上轉呀轉的渾厚交響樂聲，讓聽覺的饗宴超越一切。

「黑膠唱片裡聲音的美好是無限的，它不僅是音樂，也是時代的紀錄。」帶著眼鏡、蓄著比五分頭長一點的俐落短髮，六十七年次的店主王信凱與古典音樂的淵源來自於廣播，國中時代，每當夜深人靜，他卻還在奮發圖強時，陪伴他讀書的只有廣播節目，而在那個時段經常會播放古典音樂，因而培養出他對於古典音樂的興趣。

「CD 是一九八二年出來的，因此在八○、九○年代，古典音樂很蓬勃、很講究版本。廣播比現在還厲害，例如介紹貝多芬第五號，現在只會簡單講解內容，很多人甚至不知道指揮家、演奏家是誰，但是當時非常強調這些。」他說。

從愛迪生發明第一台留聲機，到現在這個音符跳躍在數位錄音的年代，人類記錄聲音、典藏音樂的方式，隨著科技不斷在創新，然而，聆聽了二十多年古典音樂 CD 的王信凱，沒有順隨潮流進入數位下載的音樂世界，反倒在四年前一頭栽入已經被邊緣化的黑膠世界，為什麼呢？

「我聽古典音樂有很重要的一部分是因為喜歡聽古老的聲音，而這些聲音都是從黑膠轉錄成 CD。」就讀政大歷史系博士班的王信凱說，他有一位老師是黑膠達人，有一回他在老師的工作室聽到黑膠唱片，當下被那原汁原味的時代感迷住，毅然決然地將多年來收藏的幾千張 CD 賣掉，改聽黑膠，陳列在店裡的唱片都是他在短短四年中的收藏。

在這個聽音樂下載就好的速食年代，聆聽黑膠是小眾收藏家的奢華饗宴，王信凱的收藏品大部分都是透過網購從國外尋獲，因此他直呼這是一個等同

將財產拿出來變賣的大賭注，但他有兩個小孩要養，賣黑膠除了為生活，也是希望能夠傳達黑膠音樂的美好。

實體空間的重要

二〇一二年才退伍的王信凱表示自己就住在附近，起初是在家中做網路買賣，二〇一三年九月剛好這裡要出租，因為他覺得實體店面很重要，因此毫不猶豫地承租下來。

「有的人說我很笨，黑膠的市場很小，要維持家計不容易，為什麼不把租店面的費用省下來，在家中經營就好？但是有店面，客人才有可能來試聽。我會在這裡，以前一些透過網路聯絡而素未謀面的人都有可能來這裡，其他人也會來這裡，實際見到面，就有機會成為好朋友。」王信凱指出，實體店面很重要，因為有店面，《蘋果日報》來採訪、作家學長李志銘也幫他寫文章，還因此認識許多人，開幕不到一年，這家店已經帶給他不曾預期的滾雪球效應。

「開店的時候完全沒有錢，但我需要買喇叭，於是上網查到德川音箱公司，負責人陳啟川比我還小，台大獸醫系畢業，出來創業卻是做音箱，所以很能體會我的辛苦，不但提供設備給我展示，還幫我介紹客人。」王信凱感恩地說，店裡有許多設備都是以前在網路上認識的人義氣相挺，他很感謝這些朋友，也因此，他覺得實體店面能夠將過去在網路的交會變成實體的可能。

唱片也是有聲書

在一個方正的小空間裡，王信凱侃侃而談，熱忱地解說並播放一片又一片的唱片給客人試聽。出身音樂世家的蕭徹從小聽古典音樂，經由陳啟川的

介紹，從桃園專程前來古殿樂藏挑選唱片，店主和客人一見如故，沉醉在音樂的世界裡。

「這個地方雖然小，但我盡我的能力和客人分享我的所知所聞，我很強調實體，因為只有進來這裡，你才能感覺唱片的價值。」王信凱表示，一張唱片的價值必須靠了解的人來彰顯，將珍藏在黑膠裡的聲音重新播放出來，讓大家聽到當年的聲音。「我追求的是歷史裡面的人性跟質地，很多東西存在於文字和聲音裡，卻被忽略了。我覺得我們共同在保留或保存的，其實不是音樂，是聲音。我想要把聽覺重新挖掘出來，讓過去的聲音能夠重新被了解。」

熱愛歷史也迷戀音樂的王信凱表示，他對於黑膠的市場很樂觀，雖然它不是一個可以賺大錢的生意，卻有值得一直經營下去的價值。「現在的市場是用價格來決定一切，但是存放在唱片裡聲音的美好，不是用價錢可以衡量的。你可以開價一百元、一千元、一萬元，就看客人願不願意接受。把背後的價值推廣出來，才是最需要努力經營的。」他說。

聽黑膠是一門很大的學問，它呈現的不僅是美妙音樂，還負載著歷史的軌跡，價值見仁見智，像學歷史的王信凱喜歡聽一九六〇年代以前的單聲道，但是一般台灣人只聽一九六〇年代以後的立體聲。

陳列在店裡的黑膠唱片，都是王信凱在短短四年中的收藏，每一張都留住了當年原汁原味的時代感。

「單聲道的聲音是時代的紀錄，錄音技術比較古老，新的技術出來後，歷史的走向就回不去了。但唱片很有趣，它是儲存的媒介。如果要拍一部一九五〇年代的片子，我們可能要用模擬的方式去拍出那個年代的感覺，可是唱片本來就屬於那個年代，不是我們硬裝出來的。那個年代的實體聲音，到現在還可以被聽到，這不是技術的問題，它有它的時代性。」拿起每張黑膠，王信凱都有故事可說，他覺得黑膠的每個部分都很有意思，包括音樂本身，還有美麗的封面和文字解說。

「每張唱片都有封面、有故事，這一點我覺得和書籍的概念很像。很多日本人對於唱片的熱愛不只是音樂本身，包括封面設計，都是過去工業社會巔峰的表徵。」王信凱指著玻璃門上標示的一長串店名「古殿樂藏唱片藝術研究中心暨古殿書藏」說：「這是我還沒有店面的時候就設定好的名稱。」

換言之，這是一家結合黑膠與古書的獨立書店，只是目前王信凱要先鞏固黑膠市場，所以現階段店裡的書櫃陳列的是他個人收藏的非賣品。

瀏覽他的書架，從文史哲到音樂藝術都有，他隨手抽出一本《胡適手稿》說：「我以前在胡適紀念館工作過，當時他們出版過這樣的書，全部彩印。我本身收藏了很多有價值的書，我的老師也是，只要把它建立起來，做書藏就會很有特色。」

王信凱表示，雖然古書的販賣是未來式，但現在他就是以獨立書店的概念經營，對他而言，唱片也是一種承載聲音的紀錄有聲書。「書的定義是什麼？日本的朝日 Sonorama 出版社曾出過一本書，直接把書挖成一個洞當唱片聽，你說它是書，還是唱片？在商業的運作下，有些產業和知識的概念會被狹義化，人們往往認定是什麼就是什麼，其實你從歷史整個往下看，會發現聲音不一定侷限於唱片或音樂，它和文字一樣都是一種儲存，猶如閱讀般，我們也可以從過去的聲音中去尋找靈感，開發出新的可能。」

王信凱

從小聽古典音樂長大的歷史學者,四年前從珍藏在黑膠唱片裡的聲音聽見歷史之美,開始與樂友分享聽過的音樂和典藏。從網路販賣到實體店面只是夢想的第一步,目標是成為一家結合黑膠與珍本書籍的獨立書店。

茶 話 本 事

Q:最近什麼書對你影響最大?

A:戴洪軒的《狂人之血》,是最近重出的一本書。戴洪軒是一個作曲家,他在那個年代是很赤裸裸的,不管體制的面具、道德,充滿批判。

之前從學長李志銘收藏的《中國當代音樂作品》(一九七六)聽到戴洪軒的音樂,覺得他一定是很重要的人,後來看到這本書,才對他比較了解。職業上,他是作曲家,但在當時的藝文界扮演很重要的角色,因為他很喜歡談天說地,而且手不離酒杯。馬水龍很喜歡跟他聊天,因為他一喝酒,聊的內容就會愈來愈深,說出很多屬害的想法。他的朋友、學生很喜歡和他喝酒、聊天,因為他是一個很狂熱的人,有一點像是文化發動機,除了有筆會寫之外,還會驅動別人的想法,真的很屬害。

一般古典音樂的書會很刻板,寫些諸如貝多芬是哪一國的人、隸屬的民族樂派、曲風等資訊,但戴洪軒不是,他像在寫小說一樣,如果談到沃爾夫,不會寫作品分析,而像在模仿沃爾夫的對白。雖然他是作曲家,卻是用文學的題材在寫音樂欣賞。

Q:經營上遇到最大的困難是什麼?

A:大部分的唱片都是從日本網站或 ebay,也就是世界各地進口,成本很高,運費很貴,有時運費比唱片還要貴,風險實在很大。而且網路上看不到實體,只能透過照片或描述去買,要評估各種條件。網路上經營沒有想像中的簡單,其中有很多很知識性的東西,而且有時外國重視的,台灣不一定重視;台灣重視的,外國不一定重視。

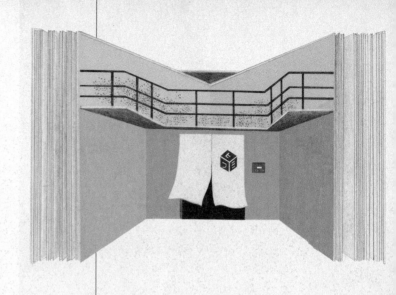

搶救哈瑪星老屋的書房喫茶店

書店喫茶 一二三亭

空間本事

店　　主｜姚銘偉
創立時間｜2013 年
地址電話｜高雄市鼓山區鼓元街 4 號 2 樓
　　　　　07.531.0330

營業時間｜10：00 ～ 22：00（週一公休）
營業項目｜簡餐咖啡、精選新書、文具
特別服務｜閱讀空間、不定期講座

走出捷運西子灣站，風中飄來鹹鹹的海水味，高雄市文化公車「哈瑪星線」是遊客認識鼓山區百年風華的觀光路線。哈瑪星是日語濱線（Hamasen）的台語音譯，日治時代初期，日本人在古稱「打狗」的高雄建港，為疏濬航道，以淤泥填築海埔新生地，產生了新市街。當時通往商港、漁港的兩條濱海鐵路「哈瑪星」帶來無限商機，遂而成為當地地名的泛稱。

曾經，繁華一時的哈瑪星是高雄近代化的起點，卻隨著市中心的東移逐漸沒落，只剩下分布在巷弄裡的古蹟老屋無言地記錄著歷史的起落。踩踏在日治時代填海造陸的街道上，我來到鼓元街一棟兩層樓老房子前，迎面的日式白色暖簾散發出京都的韻味，右牆上一張中間人物被裁切下來的老照片大圖輸出，更營造出一種詭異的時代感。

那張照片是前年農曆年打狗文史再興會社在當地舉辦居民家族照片展時留下的，提供者是隔壁一戶郭姓人家，但就連他們也不知道中間的人物究竟是誰、為什麼會被割掉。

「我們覺得不知道也好，留給大家遐想的空間。」坐在二樓書店喫茶一二三亭的木製吧檯前，帶著黑框眼鏡、文質彬彬的年輕店主姚銘偉說，當時他們故意將那張照片放大，因為不明原因的殘缺，反而使照片增添了一種悠悠歲月的神祕感。

身為打狗文史再興會社的監事，姚銘偉表示，當初他來哈瑪星不是為了開店，而是為了搶救老建築。當時政府原本要將這一帶的舊房子拆掉，改建停車場，後來他們阻擋成功，剛好這棟房子的二樓也空了出來，於是他索性承租下來。

「以前為了保護老房子而辦導覽活動時，只能在外觀看，無法讓人實際走進屋內感受，其實內部比外觀更精彩。」姚銘偉說明在老房子開店的原因。這棟房子原為日式木屋，雖然已在戰後改建鋼筋水泥，但屋頂的結構仍是當年的木架，他指著抬頭可見木架的屋頂說：「其實屋頂本來有天花板，但我

把它拆掉，一方面是讓大家可以看到日本時代的木架，一方面也可以挑高空間。」

以書店為主題的喫茶店

充滿時代感的戰前日文老歌迴盪在飄著淡雅京都風的書店喫茶一二三亭裡，長長的店名直白地陳述著三個名詞：書店、喫茶店、一二三亭，若從後面拆解到前面，即可了解店主的用意。

時光回溯到大正九年（一九二〇年），當時的哈瑪星熙來攘往，華麗的一二三亭是有藝伎表演的高級料亭，隨著藝伎身影的模糊遠去，戰後這裡先後經歷船運公司、旅館、倉庫、茶館等身分，直到姚銘偉承租下來後，才決定沿用一二三亭的店名，讓大家認識這棟老房子的歷史。

料亭的時代已不復返，曾遊學京都的姚銘偉將新的一二三亭變成復古的喫茶店，配合建築物本身營造懷舊的日本氛圍，菜單上的咖哩飯、紅酒燉牛肉飯，都是日本喫茶店必備的簡餐，由學習旅館管理的姚銘偉親自掌廚。

喫茶一二三亭，告訴大家現在的一二三亭是一家喫茶店，但是為什麼店名前面還要冠上「書店」二字呢？瀏覽店內，有一面靠牆的書櫃，架上整潔地陳列著一排排文史哲的舊書。可別誤會，這不是一家二手書店，架上的書僅供顧客在店裡閱讀，只有擺在正中間區塊桌上的幾本新書可供販賣。

「這裡主要是喫茶店，書算是附帶，因為我想提供一個閱讀的空間。」姚銘偉說，就像日本有很多漫畫喫茶店，這是一家以書店為主題的喫茶店。「這裡的舊書大多是自己的收藏或朋友捐贈，只能在店裡看，所以才想選一些比較適合這裡的新書少量販賣。」

姚銘偉不諱言，這裡的新書都是讀書共和國出版，因為剛好認識出版社的人，而且共和國旗下有很多出版社，書種夠多元。「我都是挑自己喜歡的

書，以文史哲為主，一批賣完再換一批。」他說。

　　在喫茶店一隅，從北部搬到高雄的陳怡雯靜靜地坐在窗邊看書，經常光臨的她坦言，並沒有特別注意到店裡有販賣新書，不過倒是很喜歡獨自前來這裡閱讀。

　　「之前有一部電影《甜蜜殺機》是在這裡拍攝的，我是因為來電影景點朝聖，無意間發現樓上有家咖啡廳。我很喜歡這種老建築的寧靜感。」陳怡雯笑著拿起手邊的《圖解台灣史》說，這是她剛讀完的書，前後分了好幾次閱讀，可能因為這裡本身就是一個歷史的空間，所以來到這裡會想讀歷史書。「我歷史不好，但這本書很有趣，容易閱讀。」

　　瀏覽書店喫茶一二三亭的書櫃，架上有許多關於台灣歷史的書，六年級的姚明偉表示，自己從小社會科就很好，但是書讀愈多愈震驚，原來真正的歷史並不是學校教的那一回事，看愈多會愈想知道真相。

　　姚銘偉從書架上抽出一本《被出賣的台灣》說，這是二〇〇〇年他當兵時買的書，這本書讓他第一次真正了解到二二八是怎麼一回事，作者柯喬治（George H. Kerr）是當時美國駐台的外交官，將當時看到的事情寫成英文，後來轉譯成中文。

　　「在我那個年代，學校完全沒教這段歷史，我讀這本書時有種頭上被捶了一拳、茅塞頓開的感覺。」姚明偉表示，過去我們一直被灌輸那個事件是為了查緝私菸，看了這本書才知道，原來在日本戰敗後短短一年就累積了許多民怨，台北的緝菸事件只是引爆點，「被出賣的台灣」是指被美國出賣，因為當時美國姑息國民黨這麼做。「柯喬治以美國人的角度寫這本書，其實也有批判自己國家的意味，這是一本要了解二二八必看的書。」他說。

　　不過今年的二二八，在書店喫茶一二三亭舉辦的不定期講座不是相關的紀念活動，而是關於在地歷史的「覆鼎金公墓散策」，因為刻著歲月痕跡的老房子本身就是在地歷史的見證，他希望這家店是讓當地居民回顧自己城市

歷史的地方。

覆鼎金是高雄最大的公墓，從清代迄今埋葬著曾經在當地留下足跡的各種族群，從他們的故事可以拼湊出台灣歷史進程的縮影，然而一般高雄人對於覆鼎金公墓的印象卻是陰森、雜亂，因此高雄市政府目前正計劃將公墓遷葬，並規劃大型公園，但姚銘偉認為，其實特殊人物的墓碑應該要保留下來。

「我們大部分看歷史都是看活著的人，但我們沒想到累積最多歷史的地方就是墓園，因為那是大家最後都會去的地方，裡面埋藏著許多有趣的人物和故事。」曾旅居京都的姚銘偉以日本為例，說：「誰規定公園裡不能有墓碑？日本就有許多公墓是賞櫻景點。」

姚銘偉指出，覆鼎金公墓裡有一區日本人墓園，安葬著許多日治時期的重要人物，包括當年投資高雄劇場株式會社並帶動高雄娛樂業投資熱潮的大坪與一。日前大坪與一的外曾孫來台尋根，聽說公墓將遷葬改建公園後感傷地表示，大坪與一就是因為很喜歡台灣，才會選擇死後葬在這裡。

姚銘偉表示，日治時代，哈瑪星有許多日本人的商店，所以書店喫茶一二三亭開店半年來，他遇過幾位來尋根的後代子孫，希望能夠找到昔日祖父母的店或住處遺址。「我們幫他們找到以前的照片，告訴他們這些地方如今在哪裡，他們非常高興，我也覺得很有意義。」

因著老房子本身的歷史背景，還有姚銘偉刻意重現的日本氛圍，許多日本人來到這裡倍感親切，甚至有人對他表達謝意，謝謝他將日治時代的建築保存下來，也有旅居高雄的日本人後來成為常客，店內書櫃上有一套司馬遼太郎的書，就是日本常客所贈。「他很喜歡司馬遼太郎的作品，自己已經都看完了，所以想留在這裡與大家分享。」姚銘偉說。

在這個散發著濃濃時代感的日式空間裡，讀起台灣的近代史別有一番風味。從事文史研究活動的姚銘偉表示，哈瑪星的老建築承載著高雄現代化的歷史，文史保存與城市發展並不相斥，應該要找到一個共生並存的出口。

姚銘偉
高雄人，本身學旅館管理，喜歡研究在地歷史，曾遊學京
都，為搶救哈瑪星一帶日治時代的老房子，與朋友共組打
狗文史再興會社，並在老屋開店，重現哈瑪星風華。

茶　話　本　事

Q：鎮店之寶是什麼？

A：幣串。這個東西和此屋的保存運動有很大的關聯，當時我們在屋子的梁上找到這根木
頭，上面寫著「大正九年，三月十七日」，雖然現在已經不是很清楚。還有畫線，分
別是三條、五條、七條，也就是神道教的吉祥數字。那時並不知道這是什麼，但是找
到這根木頭剛好是三月十七日。後來才知道，日本人在蓋木造建築時會有上棟儀式，
這根木頭就是在那個時候拜拜、祈福而釘上去當守護神的。後來我去日本買了幣串紙，
將它恢復本來的面貌。二〇一四年三月十七號，這間房子滿九十四歲，我會將幣串再
放上去。

在散發京都韻味的空間
裡，閱讀台灣歷史，別具
一番滋味。

Room A

以時計費的閱讀空間

空間本事

店　　主｜吳駿凌

創立時間｜2012 年

地址電話｜台南市中西區西門路 1 段 607 號 3 樓

06.220.9797

營業時間｜13：00 ～ 24：00（早餐店 9：00 ～ 12：00）

營業項目｜少量新書、二手書、

　　　　　閱讀空間（計時消費，1 分鐘 1 元，低消 $60）

特別服務｜餐飲、無線網路

走在節奏不疾不徐的台南市區，從西門路一段轉南寧街，沿著畫有樓梯和窗景的白色方塊招牌往三樓走，推開 Room A 的門，迎面是一個設置著吧檯的用餐區，小黑板上寫著今日供應的飲料和輕食，一面書櫃販售著一般大書店比較少見的獨立出版品。穿越用餐區，木板變成地毯，牆面上陳列著各種書籍和雜誌，有人在整排面對街景的沿窗書桌前打電腦，有人在沙發上看書，也有人攤開畫稿在圓桌上塗鴉，靜中有動的畫面，彷彿置身在一個時尚的圖書館。

「我一直想要有一個地方，可以讓期待安靜的人很自在地待著。」身兼人氣咖啡廳 a Room 的老闆，Room A 的主人吳駿凌本身很喜歡閱讀，也曾經營過二手書店，對他而言，a Room 是書店的延伸，因為他們也會辦一些藝文活動，然而咖啡館畢竟是聊天的場所，難免比較喧譁，所以才會相繼延伸出 Room A，希望提供愛書人一個寧靜的空間。

「我們的核心概念是讓一個人可以長時間待在這裡，所以提供寬敞的桌面和舒適的椅子。」貼心的吳駿凌表示，無論是用餐區的咖啡、簡餐，還是閱讀區裡設置的飲料區，都是配套設施，讓需要提神的客人可以消除疲勞。

「我在咖啡廳有時會看到客人獨自坐在一個很侷限的小角落打電腦，隔壁桌則有其他客人在聊天，每次看到這樣的畫面，我就會想，換作是我，一定很想有一個像 Room A 這樣的空間。」他感性地說。

不等同數字的價值

由於 Room A 強調的是空間，因此採取計時消費，第一個小時是六十元，之後每分鐘一塊錢。「時間計費是一個嘗試，也是一種過濾的手段。」六年級的老闆說，他希望大家能長時間待在這裡閱讀，所以也推出一天三百元的一日券，可以把這裡當作一個小基地自由出入，並有專屬置物櫃，而且還供

一份餐飲，讓真正喜歡這個空間的人沒有負擔地享用。

「剛開始也有客人覺得以時計費很莫名其妙，但我覺得有些概念只要存在夠久，自然會和店畫上等號，你認定這是一家咖啡廳，還是小型圖書館、K書中心、網咖都沒關係，反正它就是叫 Room A。」吳駿凌表示，基本上以時計費的方式就已經篩選掉一些客人，對書不感興趣的人不會來，所以他們才會兼賣一些獨立出版品，一方面增加小眾書籍的能見度，一方面也希望讓讀者看到一般市面上比較不容易看到的書或雜誌。

「賣書的區塊不大，無法成為真正具有影響力的書店，但如果你會長時間使用這個空間，表示你應該對我們選的書也有興趣。」吳駿凌自豪地說，對於喜歡閱讀，尤其是喜歡看海外雜誌的人來說，Room A 是一個可以泡上一整天的友善空間，閱讀區的架上有許多關於人文、藝術、設計方面的雜誌，在台南其他地方應該很難找得到。

「台南的出版品沒有台北多元，這些雜誌說不定只能在誠品找得到，而且是封起來看不到內容，但讀者想看的就是內容。」參與選書的吳駿凌說，他們的主力是在人文、藝術、設計方面的國外雜誌上，因為雜誌也是出版品的面貌之一，具備多元的主題，並且提供最新的動態。

主力放在有「賞味期限」的雜誌上，意味著 Room A 必須定期採購，更新架上的刊物，問及是否合乎成本，吳駿凌哈哈大笑，直率地說：「怎麼可能，當然是嚴重虧損！」

開店是一種創作

即便如此，遇到感興趣的事情就會去嘗試的吳駿凌，認為 Room A 有很大的發展空間，能夠提供多元的選擇，並且帶來許多不直接等同數字的價值。例如當初他因為要設計這家店，而去接觸國外的家具，當時他覺得很棒，就

開了家具店，目前在構思要附設書店，販售關於工藝、手作、職人方面的書。

　　如此聽來，吳駿凌似乎是一個興趣很廣泛的人，而他的每一項興趣又會巧妙地與書連結在一起，書對於吳駿凌究竟有什麼樣的魔力呢？

　　「每一本書都是一個世界，都是一個人的結晶。雖然有時文學性的閱讀好像很難直接反映出價值，但那種影響是潛移默化的，像讀書人和輟學者散發出來的氣質就不一樣。」愛書的吳駿凌說，現在年輕人都透過電腦搜尋資訊，但他覺得 Google 也會搜尋出許多沒用的資訊，要過濾資訊更累，他個人還是比較習慣找書。

　　閱讀過許許多多的書，吳駿凌表示他比較喜歡看經典翻譯小說，例如俄國文學對於人性的描述。「像《罪與罰》裡，有一幕描述殺人的房客被警探調查，警探測試他的方式是忽然站在他的門外等他出來，藉此觀察對方看到警察的當下，眼裡是否有畏懼。看到這一段時，我就想，杜斯妥也夫斯基實在是太厲害了，怎麼會寫出這麼深層、敏銳的觀察。」吳駿凌指出，一般人對俄羅斯的印象可能是民生潦倒的共產國家，可是俄羅斯的文化很深厚，許多經典巨作都是出自俄羅斯。

　　吳駿凌喜歡閱讀探究人性的文學，例如卡夫卡的《審判》也是他喜歡的書，然而同時，他也喜歡看村上春樹這種比較都會型的書，從他選擇閱讀的

在這個計時收費的閱讀空間裡，陽光洩露了時間推移的痕跡。

品味，感覺上他似乎是一個喜歡反差的人，就像 Room A 和 a Room 從名字、地點、經營型態到客群的反差。「a Room 基本上是一家成功的咖啡廳，但是用同樣的型態來經營 Room A 就太無趣了。」喜歡變化的吳駿凌告訴我，寧靜的 Room A 在早上還是鬧哄哄的早餐店呢！

「其實這個空間有兩種身分，九點到十二點是早餐店，叫作 Room A.M.，下午一點開始才變成閱讀室。」吳駿凌笑說，就像作家是以文字創作，畫家是以圖畫創作，他是以開店創作，與這個城市對話。

吳駿凌特殊的經營概念，吸引了許多志同道合的人，主要負責早餐的店員毛毛就是從客人變成 Room A 的一員。「我沒有來過像這樣的店，很喜歡這個空間，這裡有許多其他地方看不到的雜誌，而且三樓的陽光照進來很舒服。」她說。

吳駿凌
台南人，大學就讀國際貿易，曾經營二手書店，結束後經營咖啡廳，並延伸出計時消費的閱讀空間。

茶　話　本　事

Q：店名的由來是什麼？

A：咖啡廳 a Room 的相反，兩家店的經營方式不同，a Room 指的是一個房間，希望客人感覺像來到一個舒適的房間；Room A 則是一個叫做 A 的房間，想要呈現的狀態是在這空間裡發生的事情。a Room 開在隱密的巷子裡，客人也是以團體居多。Room A 剛好相反，從名字、地點、經營型態、客群到電話都是相反的。

Q：如果以一句話形容自己的書店，你會怎麼形容？

A：舒服，進去很自在、安全，沒有他人目光的注視。一家店要漂亮很容易，但舒服不容易。

Room A 像是一間時尚圖書館，也讓期待安靜的人能夠很自在地待著。

從書店拼湊台灣印象 ｜ 郭怡青

「讀文科的人不知道唐山，妳以前一定很混！」初次見面，直率風趣的陳隆昊半開玩笑地對著迷路的我眨眨眼說。

的確，唐山書店有自豪的理由。三十多年來，唐山書店專營冷門學術書籍和非主流出版，不僅滿足了莘莘學子求知的欲望，更見證了台灣從戒嚴走向民主、從書籍貧乏到資訊觸手可及的時代變遷，其指標性毋庸置疑。

而我，也有「很混」的理由。從小喝洋墨水長大的我，沒有同世代的聯考記憶，也沒有買過翻印書，對於台灣印象少了幾塊青澀歲月的拼圖。唐山書店的故事讓我回顧了一九八〇年代的台灣，並且找到我在求學階段不曾擁有過的記憶拼圖。

在撰寫台灣特色書店之初，最直接的聯想就是書與人之間的故事，實際走訪後才發現，這些互動遠遠超過將書親手交給讀者這麼簡單。猶如舊書舖子的老闆張學仁所說：「書店當然是一家店，一種謀生的方式，但卻不只是商業行為，因為書本身就是知識的傳遞。」因此，書店的主人往往揹負著一種使命感，不同的書店有不同的故事與歷史，交織著每位書店主人的生命之歌。環島一周，我逐漸發現，這是一程穿越時空的人文之旅，在不同的店裡、從不同的人口中，我找到不同的知識拼圖，慢慢拼湊出瑰麗的台灣百年縮影。

從最基本的層面，特色書店是一塊閱讀多樣性的拼圖。走進二手書店，也許你會巧遇坊間難得一見的絕版書；來到新書店，你可能找到被大書店淹沒在茫茫書海中的好書或獨立出版的作品。猶如小小書店的標語「因為對書的愛情，我們存在」，相對於大通路，巷弄裡的特色書店提供了暢銷書之外

的閱讀可能性。

　　再將視野拉高，從牯嶺街、光華商場、重慶南路、溫羅汀商圈到各地方的巷弄書店，從傳統兼賣文具的小書局，到現在各種經營模式的特色書店，每家書店都是一塊時空的拼圖，默默譜出這半世紀來台灣書店的演變。

　　戰後的台灣雖然書籍貧乏、求知欲卻很蓬勃，在那個年代，許多人開書店往往是為了一口飯。時至今日，台灣的出版愈來愈多元化，競爭也愈變愈激烈，開書店變成一種理想，有些人反璞歸真，到鄉野去開店，有些人為保存老屋，在日治時代的木房裡開店，地方特色與近代歷史反映在閱讀的空間裡。

　　同時，許多書店主人亦是本土文化的推手。府城舊冊店的詩人老闆潘景新本身是平埔族，他致力推廣台語文學，希望台語不會和平埔族語一樣踏上流失的命運。在檳榔樹圍繞的屏東瑪家鄉，排灣族的林明德更是精神可嘉地開了第一家原住民書店。

　　隨著書店經營的多元化，有些人開主題書店，有些人以社區藝文空間定位，甚至有些人只是以書做為複合式空間的展示品。許多時候，這些充滿理念的書店更是關懷社運或公益活動的平台，從地方性到全國性，有些人為反核豎旗，有些人推廣環保，有些人為外籍勞工發聲，而魚麗人文主題書店的老闆娘蘇紋雯更是直接參與弱勢族群的個案關懷。

　　曾因未婚生子而遭受異樣眼光的蘇紋雯指出：「其實弱勢族群一直平行存在於這個社會，只是妳不了解，所以沒有意識到他們的存在。」這句話像

當頭棒喝般敲在我頭上。任職《經典》雜誌撰述的那幾年,我走訪過海外的貧民窟、難民營、災區、戰區,看盡人間疾苦,在每一個當下都希望自己能為他們做些什麼,可是返台後他們的身影又在繁忙的都會節奏裡漸漸模糊。然而看不見不等於不存在,弱勢族群的確一直平行存在於世界的每一個角落,包括我們的這塊島嶼上,只是我們平時沒有意識到。書店的主人以行動告訴讀者,我們可以凝聚力量,一同為社會做一點事。

這個社會處處需要關心與溫暖,需要援手的不只是人,還有人類最好的朋友。因此,你會發現,在許多特色書店裡幫忙招呼客人的可愛小店長——貓或狗,都曾是遭人遺棄、流落街頭的毛孩子。在時光二手書店裡,有兩隻貓和一隻狗坐鎮在櫃台,其實老闆娘吳秀寧家中還有七隻狗,全是她去資源回收廠收書時救援回來的毛孩子。吳秀寧以一句「送養比賣書還要困難」,輕描淡寫地說明了她一個人收養那麼多隻動物的原因,背後卻隱藏著許多值得大家省思的議題。當下我有一股想抱一隻貓或狗回家的衝動,但是我始終沒有說出口,因為我知道經常在外的我沒有能力收養動物。在棄養風氣氾濫的台灣,能在書店裡找到歇腳之地的貓狗算是幸運兒,牠們無辜的眼神裡烙印著人類的貪婪與欲望,同時也交織著溫情與關懷。

走進一家實體書店,如果你透過店裡的一景一物用心去聆聽店主的心聲,你會發現故事不僅發生在書本裡,每位店主都有自己的風格和理念,人與人或動物的交流點亮了每一個空間,背後交織著親情、愛情或友情,濃濃的人情味是台灣最美麗的風景。

許多時候，書店的主人，尤其是舊書店的經營者，往往還是哲學家，在收書的過程中思索生死哲理。草祭二手書店的蔡漢忠說：「收書的過程其實經常很感傷，因為許多時候是原主人已經不在了，或者無法自主了，那些書才會被出讓。」書會隨著歲月斑駁，每一本二手書都必須經過一番清潔後才能上架等待第二春，然而舊書店的主人總是不厭其煩地整理，因為他們知道這些書都是前任主人的寶貝。

　　無論你是愛書人、收書人還是藏書人，我們都是書本暫時的主人，從四十三家閱讀空間的故事裡，我看到生命的循環、歷史的變遷、知識的傳遞、社會的關懷、弱勢的聲音等多重面貌，原來人與書之間的互動可以擦出這麼多感動的火花。

　　在瞬息萬變的資訊時代裡，我們無法預期未來的改變，在寫這本書的時候，我也遇到了令人唏噓的無常──阿福的書店老闆蕭文福過世了。我無緣見到社區居民口中熱心助人的福爸，心中的遺憾難以言喻，但是福媽仍然堅強地接受採訪，繼續傳播福爸的理念。

　　月有陰晴圓缺，任何生命都有循環，永樂座的保安店也在採訪後沒多久收攤，我想起南天書局總經理魏德文的話：「人的一生很短暫，在這一生你做了什麼？有些書出了也沒人買，但是一百年後依然重要！」

　　恍然之間我明白，雖然這次的書店紀行難免有遺憾和遺珠，未來也不知道會有什麼樣的變化，重要的是，在某一個時空裡，存在著某一位愛書的人，曾經在台灣人文地圖的一隅畫上一個地標。

發現有故事的人與書店 | 欣蒂小姐 Miss Cyndi

　　有時對於某些事，總會有種非做不可的執著，而在我剛接到這本書的插畫合作邀約信時，看到主題是記錄台灣四十三家獨立書店，當下就是這種感覺。也因為替這本書畫插畫，才知道原來台灣有這麼多值得挖寶又充滿故事的獨立書店。很開心能藉著怡青的採訪，用另一種角度見到這些書店背後更深層的樣貌。

　　在創作的過程中，也慢慢發現用插畫記錄文化與歷史，真不是件簡單的事情，除了必須知道這些書店的個別特色，還需要閱讀許多資料。經過深層的了解，才明瞭這四十三家書店真的都是不同的個體，就像四十三個有生命的人，各自有著不同的成長背景、個性和樣貌。我從怡青的文字裡，讀到每位書店老闆完成夢想的辛苦過程；又在侯季然導演的紀錄片中，看到耕耘之後收穫的成果，以及許多店主如何維持一家書店的點滴。這些文字感受與視覺衝擊，逐漸在我的腦海裡發酵。四十三家書店的特色都很豐富，將它們個別濃縮至一張畫面中呈現，對我來說是很新的挑戰。

　　透過吸收故事再創作的我，也像在閱讀這些書店的精神，隨之幻化生出豐富感想。所以你可以看到這四十三幅插畫作品，除了描述書店的特徵，也放入了我的心得與思考。尤其書店空間所呈現的氛圍，不一定需要華麗的建築、高級的裝潢，它有時也可以很簡單，因為店裡的藏書就是最美的裝飾，當你走進其中，就有一種被書緊緊包圍的感覺。這是我在創作時，最希望呈現給讀者的感受。

　　很高興這次能夠參與《書店本事》的創作，共同記錄這四十三家各具特

色的台灣書店，希望藉由我的插畫，能夠讓你們在閱讀時增加更多趣味，以及對於書店的想像。我很喜歡這次的創作，希望你會跟我一起愛上這些書店；在閱讀之餘，不妨起身拜訪這些充滿故事的老闆吧！

國家圖書館出版品預行編目(CIP)資料

書店本事：在地圖上閃耀的閱讀星空 / 郭怡
青採訪撰稿. -- 初版. -- 臺北市：遠流, 2014.09
　　面；　　公分. --（綠蠹魚叢書；YLK71）
ISBN 978-957-32-7440-7(平裝)

1.書業 2.訪談 3.臺灣

487.633   103010165

綠蠹魚叢書YLK71

書店本事
在地圖上閃耀的閱讀星空

策劃製作｜夢田文創
製作顧問｜楊照
採訪撰稿｜郭怡青
插畫｜欣蒂小姐 Miss Cyndi
照片提供｜夢田文創

出版四部總編輯暨總監｜曾文娟
資深副主編｜李麗玲
特約編輯｜沈維君
編輯助理｜江雯婷
企畫｜王紀友
封面暨內頁設計｜黃寶琴‧優秀視覺設計有限公司

發行人｜王榮文
出版發行｜遠流出版事業股份有限公司
地址｜台北市100南昌路2段81號6樓
電話｜2392-6899　傳真｜2392-6658
郵撥｜0189456-1
著作權顧問｜蕭雄淋律師
法律顧問｜董安丹律師
輸出印刷｜中原印刷事業有限公司

2014年9月1日 初版一刷
行政院新聞局局版臺業字第1295號
售價新台幣390元（缺頁或破損的書，請寄回更換）
有著作權‧侵害必究（Printed in Taiwan）
ISBN｜978-957-32-7440-7（平裝）

yib 遠流博識網
http://www.ylib.com　E-mail: ylib@ylib.com

感謝文化部指導